우주 개발

생각이 크는 인문학_우주 개발

지은이 심창섭
그린이 이진아

1판 1쇄 발행 2019년 7월 19일
1판 7쇄 발행 2024년 6월 3일

펴낸이 김영곤
키즈사업본부장 김수경
에듀2팀 김은영 박시은
키즈마케팅팀 정세림
아동마케팅영업본부장 변유경
아동마케팅1팀 김영남 손용우 최윤아 송혜수
아동마케팅2팀 황혜선 이규림 이주은
아동영업팀 강경남 김규희 최유성
e-커머스팀 장철용 전연우 황성진 양슬기
디자인팀 이찬형

펴낸곳 (주)북이십일 을파소
출판등록 2000년 5월 6일 제406-2003-061호
주소 (우 10881) 경기도 파주시 회동길 201(문발동)
연락처 031-955-2100(대표) 031-955-2177(팩스)
홈페이지 www.book21.com

ISBN 978-89-509-8211-9 43500

책 값은 뒤표지에 있습니다.

• 제조자명 : (주)북이십일
• 주소 및 전화번호 : 경기도 파주시 회동길 201(문발동) / 031-955-2100
• 제조연월 : 2024.06.
• 제조국명 : 대한민국
• 사용연령 : 8세 이상 어린이 제품

⓰ 우주 개발

글 엘랑 심창섭

그림 이진아

을파소

목 차

1장

인류, 우주로 가는 문을 열다

2장

지구를 떠나는 여러분께 안내 말씀 드립니다

3장

우주 시대의 새로운 주인공은 누구일까요?

여기는 지구, 외계생명체 나와라 오버!

앞으로의 우주 개발은 어떻게 펼쳐질까요?

우주로 떠나기에 앞서

우주를 향한 인류의 여정은 언제부터 시작되었을까요? 〈빅뱅이론〉이라는 유명한 미드에서 천재 물리학자 쉘든은 과학이 무엇이냐고 묻는 페니에게 이렇게 말을 꺼냅니다.

"그것은 2600년 전 고대 그리스의 어느 따뜻한 여름날 저녁이었다."

제가 좋아하는 이 구절은 우주의 신비를 알아내기 위해 인류가 걸어온 기나긴 역사를 잘 표현하고 있습니다. 수천 년 동안 많은 학자가 노력한 끝에 열매를 맺어, 드디어 인간이 우주에 나갈 수 있었어요.

사실 인류의 문명은 역사가 그리 오래되지 않았습니다. 과학자들은 유전자 분석을 통해서 우리의 직계 조상이 약 9만 년에서 6만 년 전 사이에 멸종 직전까지 갔다는 사실을 알아냈어요. 그 무렵 종족의 개체 수가 최대 1만 명에서 최소 600명으로 감소했답니다. 만약 그것이 사실이라면 본격적인 문명은 그때부터 시작되었다고 봐도 무방하겠죠?

인류의 조상이 멸종할 뻔했던 원인으로는 약 7만 4천 년 전에 폭발한 인도네시아의 슈퍼 화산을 꼽을 수 있습니다. 그때 엄청난 화산재가 햇빛을 가리면서 핵겨울과도 같은 기상 이변으로 수많은 생명이 사라진 것으로 추정됩니다. 지구는 평온한 것 같아도 언제든지 소행성 충돌이나 엄청난 화산 폭발, 이상 기후로 공룡처럼 대멸종을 겪을 수 있거든요. 아니면 강대국들이 핵전쟁을 벌여서 우리 스스로 멸망을 초래할지도 몰라요.

수많은 시련을 견뎌낸 인류는 고작 몇만 년 동안 문명을 발전시켜서 우주에 첫발을 내디뎠습니다. 그리고 이제 다른 행성으로 가려고 하죠. 우리 은하계에만 4천억 개가 넘는 별이 있고, 거기에 딸린 행성도 엄청나게 많을 거예요. 인류는 우주라는 거대한 바다 앞에서 겨우 발을 적시고 있을 뿐입니다.

이 책에서는 우주 탄생의 비밀이나 놀라운 블랙홀 같은 막연한 이야기를 하지 않습니다. 그보다 가까운 미래에 우리가 만나게 될 현실을 말하려고 해요.

이 책을 쓰자고 제안받았을 때는 조금 망설였습니다. 왜냐하면 우주 이야기는 여러 과학 분야 중에서도 조금 어려운 편에 속하기 때문이지요. 우리가 살아가는 데 중요해 보이지 않거나 먼 나라 이야기처럼 들리기도 쉽고요.

그러나 우주는 멀리 있는 곳이 아닙니다. 지금까지 많은 사람이 우주를 꿈꿔 왔고, 조만간 더 많은 사람이 직접 우주로 나가게 될 거예요. 곧 다가올 미래에는 어떤 일들이 펼쳐질까요? 우주 개발을 통해서 여러분의 삶이 과연 어떻게 바뀔지 생각해 보는 시간을 가졌으면 합니다.

알고 보면 쉬운 내용이지만, 처음엔 누구나 우주를 이해하기 힘듭니다. 그런 골치 아픈 이야기를 함께 노력해서 쉽게 읽을 수 있도록 도와준 연혜진 님께 감사드립니다.

2019년 어느 따뜻한 여름날

엘랑 심창섭

1장
인류, 우주로 가는 문을 열다

우주, 너의 이름은

우주란 무엇일까요?

유튜브나 블로그에 검색해 보면 우주에 관한 이야기가 잔뜩 나옵니다. 그중에는 블랙홀처럼 머릿속이 아득해지는 내용도 있고, "외계인은 정말 존재할까요?" 같은 흥미로운 질문도 있어요. 또 하늘로 솟아오르는 로켓이나 신비한 우주의 모습을 담은 다큐멘터리도 만날 수 있죠.

우리의 일상에도 우주는 자주 등장해요. 몇 년 전 유행했던 〈우주를 줄게〉라는 노래처럼 가사에 우주가 등장하는 곡도 여럿이죠. 노래 속에서 사람들은 우주를 건너기도 하고, 우주만큼 사랑한다고 고백하기도 합니다. 이렇게 보면 넓은 우주가 꽤 가깝게 느껴지기도 해요. 그런데 막상 우주가 무엇인지 설명해 보라고 하면 왠지 막막한 기분이 들지 않나요? 대체 우주는 무엇일까요?

'우주'라는 단어의 뜻을 살펴볼게요. 우리말에서 우주(宇宙)는 이 세상의 모든 것을 가리킵니다. 우주라는 한 단어 속에 어마어마하게 큰 세계가 들어 있는 셈이죠. 그런데 과학기술의 표준어로 통하는 영어에는 우주를 뜻하는 여러 단어가 있어요. 스페이스(Space), 유니버스(Universe), 코스모스(Cosmos)가 모두 우주를 의미하는 말입니다. 이 단어들은 어떤 차이가 있을까요?

먼저 스페이스는 '빈 공간'을 뜻합니다. 서울에서 세종시까지의 거리가 대략 100km인데요, 지구 표면에서 100km 정도를 올라가면 공기가 거의 없답니다. 바로 그곳부터 펼쳐진 텅 빈 공간을 스페이스라고 불러요. 이 책의 주제인 '우주 개발'에서 말하는 우주가 바로 스페이스입니다. 우주를 개발하는 영역은 사람이 직접 갈 수 있거나, 탐사선이 도달할 수 있는 곳에 한정되기 때문이죠.

반면에, 우주가 어떻게 탄생했는지는 인간이 직접 눈으로 확인해 볼 수 없습니다. 더구나 우주의 나이는 138억 년이나 되기 때문에 우주를 연구할 때는 공간뿐 아니라 시간도 아울러 생각해야 해요. 그래서 유니버스는 지구나 태양 같은 천체*를 포함하여 빅뱅* 이후로 발생한 우주의 모든 것을 부를 때 사용합니다. 스페이스보다 훨씬 큰 개념으로 천문학자나 물리학자가 주로 연구하는 분야예요.

그럼 코스모스는 또 무엇일까요? 코스모스는 그리스 신화에 나오는 혼돈이라는 뜻의 단어, '카오스(Chaos)'의 반대말입니다. 혼돈의 반대는 질서겠죠? 고대 그리스의 철학자였던 피타고라스*는 이 질서라는 뜻의 코스모스를 우주의 이름으로 붙였답니다. 유니버스가 과학자들이 탐구하는 우주 전체를 뜻한다면, 코스모스는 유니버스에 종교와 철학적 의미가 덧붙여진 조화로운 우주라는 뜻으로 쓰입니다.

정리해 보면 코스모스와 한자어 우주(宇宙)가 비슷한 뜻이고, 과학자가 말하는 우주는 유니버스인 경우가 많습니다. 인공위성이나 우주선, 탐사선이 항해하는 우주 공간은 좁은 의미의 스페이스에 해당하지요.

그림자와 그늘이라는 단어가 비슷하지만 조금 다른 뜻인 것처럼, 스페이스와 유니버스도 거대한 우주를 말할 때 무엇에 초점을 맞추느냐에 따라 구분하여 쓰는 단어랍니다.

* **천체** 우주에 있는 모든 물체. 태양, 지구, 달 외에도 혜성, 소행성, 성단, 성운 등 많은 것을 포함한다.
* **빅뱅** 우주가 탄생할 때 일어난 대폭발. 빅뱅으로 우주가 지금의 모습이 되었고, 우주는 계속 팽창하고 있다는 이론을 '빅뱅 이론'이라고 한다.
* **피타고라스(Pythagoras, BC 580~BC 500)** 만물의 근원이 수라고 생각했던 고대 그리스의 철학자. 지구가 둥근 모양이며 자전한다고 생각했다.

지구를 중심으로 차츰 멀리 바라볼 때는 스페이스, 빅뱅부터 시작된 우주 전체를 살필 때는 유니버스가 더 어울리는 셈이지요.

그렇다면 무엇을 '우주 개발'이라고 부르는 걸까요? 혹시 우주 개발이라고 하면 우주로 나가 다른 행성을 정복하는 모습이 떠오르나요? 그것도 우주 개발의 일부라고 할 수 있지만, 전부는 아니에요. 우주 개발은 훨씬 넓은 의미를 지녔습니다.

어떤 곳을 개발하려면 자세히 조사부터 해야겠죠? 우주 개발도 마찬가지예요. 사람이 직접 우주선을 타고 가지 않더라도 탐사선을 보내서 지구를 비롯한 여러 천체를 조사하거나 연구하는 활동도 우주 개발에 속합니다.

또한 우주 개발은 지구에서의 삶에 도움을 주기도 해요. 우주를 탐사하면서 기술이 발전되고, 이렇게 얻은 기술이 우리의 실생활에 유용하게 쓰이거든요. 대표적으로 내비게이션이나 모바일 지도에 쓰이는 GPS* 기술이 있어요.

정리하자면 우주를 탐사하고 연구하는 일뿐 아니라, 그 과정에서 우리 생활에 도움이 되는 기술을 개발하는 일까지 모두 우주 개발이에요. 언젠가 인류가 다른

* **GPS** Global Positioning System의 약자로 인공위성이 보내는 신호를 통해 정확한 위치를 알 수 있는 시스템.

행성으로 이주한다면 그것까지 모두 포함되겠죠.

우주 개발 초기에 사람들은 탐사선이 우주에서 보내온 사진 한 장에도 열광했습니다. 우주비행사들이 우주선 안을 둥둥 떠다니는 모습을 신기해하기도 했죠. 하지만 앞으로는 더 놀라운 일들을 마주하게 될 거예요. 이제는 단순한 탐사에 머무르지 않고 본격적으로 우주에 진출할 준비를 하고 있거든요.

만약 우주로 갈 기회가 온다면 어떻게 하실 건가요? 여태까지는 엄격하게 선발된 우주비행사만 우주로 갈 수 있었다면, 가까운 미래에는 평범한 사람도 우주여행을 떠날 수 있는 시대가 열릴 거예요. 조금 더 먼 미래에는 달에 세워진 우주 도시로 일자리를 찾아 나서거나, 소행성의 자원을 지구로 나르는 우주 화물선의 기술자가 되어 태양계를 항해할지도 모릅니다.

그러나 한 가지는 확실해요. 우리 지구가 우주 어떤 곳보다 사람이 살기 좋은 곳이라는 사실이죠. 그렇다면 이런 지구를 두고 왜 지구 밖 우주에 관심을 두는 걸까요? 과연 무엇이 사람들을 우주로 나서게 했을까요?

살기 좋은 지구를
놔두고 왜 우주 개발
해야 하죠?
거참
모르겠네~
네가 쓰는 지도 어플도
다 우주 개발 덕분에
생긴 거라고~

인류는 왜 우주 개발에 나섰을까?

혹시 밤하늘을 가로지르는 은하수를 본 적이 있나요? 이제는 보기 어려워졌지만, 공기가 깨끗하고 인공 불빛이 약했던 예전에는 별이 하늘 가득 수놓인 모습을 볼 수 있었답니다.

어느 화창한 저녁, 불빛 하나 없는 잔디밭에 팔베개를 하고 누워 하늘을 바라본다고 상상해 보세요. 산들바람을 이불 삼아 누워 있다 보면 반짝이는 별들이 하나둘 눈에 들어오다가 이윽고 광활한 별바다가 펼쳐질 겁니다. 거대한 틈새처럼 쩍 갈라진 은하수를 보면 가슴이 벅차오르겠죠. 어쩌면 우주와 하나가 된 듯한 경이로움을 느끼거나, 너무 놀라운 광경에 압도될 수도 있을 거예요.

"이 세상은 어떻게 생겨났을까?"

바로 그 밤하늘을 보며 우리 인류는 아주 오래전부터 이런 질문을 해 왔어요. 사람들의 영감을 자극하는 달과 별이 가득했으니까요. 만약 지구에 밤이 없었다면 넓은 우주가 있다는 걸 쉽게 알아채지 못했을지도 몰라요. 그만큼 하늘에 떠 있는 천체는 인류의 상상을 자극했답니다.

드넓은 하늘로 향했던 사람들의 관심은 자연스럽게 우주로 이어졌습니다. 그리고 문명이 발달하면서 우주에 대한 궁금증을 하나씩 풀어갔지요.

지금으로부터 약 4천 년 전에 쓰인 고대 바빌로니아 문명*의 기록에서 특이한 내용이 발견됐습니다. 바로 별의 움직임을 체계적으로 연구한 흔적이었어요. 당시에는 전지전능한 신의 뜻을 알아내기 위해 별자리의 움직임을 관찰했다고 해요. 그러다 오랜 관측을 통해 별들이 어떤 일정한 법칙에 따라 움직인다는 사실을 발견한 것이죠. 바빌로니아 사람들은 월식 주기를 예측하고, 별자리 목록도 정리해 남겼답니다.

* **바빌로니아 문명** 메소포타미아 지역 근처에 있었던 고대 문명. 수학과 천문학이 발달했다.

지금처럼 정밀한 관측기구가 없었는데도 고대인들은 수성, 금성, 화성, 목성, 토성이 있다는 것을 알아냈어요. 별의 움직임을 관찰한 것을 바탕으로 달력도 만들어 사용했고요. 천문학의 발달이 실생활에 밀접한 영향을 준 것이죠.

고대 그리스 시기에는 학문이 좀 더 발달했습니다. 우주와 인간의 존재 의미를 찾기 위한 철학이 등장한 것이죠. 그리스의 철학자들은 인문학, 과학, 수학 등 여러 분야에

두루 관심이 많았습니다. 천문학에도 관심이 깊어 행성의 움직임을 관찰하거나, 우주가 어떤 모습일지 상상하기도 했어요. 그리스의 대표적인 철학자 아리스토텔레스*는 지구를 중심으로 우주가 형성되어 있을 거라고 말하기도 했죠. 당시 철학자들의 생각이 모두 사실은 아니었지만, 우주를 향한 관심은 지금과 다르지 않았다는 것을 알 수 있답니다.

*** 아리스토텔레스(Aristoteles, BC 384~BC 322)** 논리학, 수학, 자연학 등 여러 학문에 능통했던 고대 그리스의 철학자.

학자들의 연구로 우주의 신비가 점차 풀려가는 듯 보였지만, 오히려 궁금증은 더 커져갔습니다. 하나를 알아내면 모르는 게 몇 개씩 더 생겨나니 답답할 노릇이었지요. 신의 뜻을 알기 위해 천체를 관측하던 사람들에게 이제는 우주를 알고 싶다는 갈증이 생겨난 거예요.

점차 기술이 발전하면서 인간이 만든 물건을 직접 우주로 보낼 수 있게 되었습니다. 인류의 연구는 망원경을 통한 천체 관측에서 탐사선을 이용한 우주 개발로 진화했죠. 여전히 알아낸 것보다 알아내야 할 의문점이 훨씬 많지만, 궁금한 것을 참지 못하는 사람들 덕에 인류는 더 많은 것을 알아가고 있습니다.

그렇지만 늘 호기심을 충족하려는 순수한 의도만 있는

것은 아니었어요. 때로는 정치적인 이유가 우주 개발에 불을 붙이기도 했습니다. 본격적인 우주 개발이 시작될 무렵에는 미국이나 소련 같은 강대국들이 적극적으로 나섰어요. 소련은 2차 세계대전이 끝나고 미국과 함께 힘을 겨루던 나라예요. 한때 미국보다 먼저 우주에 진출했지만, 지금은 여러 나라로 쪼개졌지요. 소련의 우주 기술은 러시아가 이어 받았답니다.

공산주의였던 소련은 여러 분야에서 미국과 대결했습니다. 두 나라 모두 강력한 무기를 얻기 위해 우주 개발을 시작했어요. 우주 공간을 이용해 미사일을 발사하여 적국을 공격하거나, 상대방의 움직임을 몰래 감시하는 스파이 위성 같은 새로운 무기를 만들기 위해서였죠.

하지만 단순히 군사적 이유뿐이었다면 우주 개발은 진작에 멈춰졌을 겁니다. 이미 인류는 스스로를 여러 번 멸망시키고도 남을 만큼 많은 핵무기와 미사일을 가지고 있거든요.

군사력만큼이나 중요한 건 자존심이었습니다. 미국과 소련은 마치 스포츠 경기처럼 우주 비행이나 달 탐사로 경쟁을 펼쳤거든요. 상대보다 기술이 더 뛰어나다는 것을 뽐내기 위해서였고, 국민들도 자기네 나라가 지는 것을 원치 않았죠. 한창 경쟁이 치열할 때는 한 달에 열 번도 넘게 로켓이 발사되기도 했어요. 그 덕에 초기 우주 개발은 놀라울 만큼 빠른 속도로 진행되었습니다.

정치적인 이유가 우주 개발에 큰 몫을 했다면, 직접 로켓을 만들고 쏘아 올린 과학자들은 어떤 이유로 우주 개발에 힘을 쏟았을까요? 각자 다양한 이유가 있겠지만, 때로는 SF 소설이 불씨가 되어 주기도 했답니다. SF 소설은 과학적 상상력을 동원해서 지은 소설이에요. 우주를 배경으로 한 쥘 베른*의 《지구에서 달까지》와 H.G. 웰스*의 《우주 전쟁》 같은 SF 소설은 과학자들에게 큰 영감을 주었죠. 소설은 우주 개발과 상관없는 것으로 생각하기 쉽지만, 인류의 상상력을 자극하는 데에 중요한 역할을 했어요.

우주 개발은 이처럼 여러 이유로 시작되었습니다. 문명이 시작될 무렵부터 인류는 밤하늘을 올려다보며 우주를 향한 꿈을 마음에 심었습니다. 때로는 문학이 그 꿈에 물을

* **쥘 베른(Jules Verne, 1828~1905)** SF 소설의 선구자로 불리는 프랑스의 소설가. 대표작으로 《해저 2만리》, 《80일간의 세계일주》가 있다. 우주여행을 배경으로 한 《지구에서 달까지》와 《달나라 탐험》을 지었다.
* **H.G. 웰스(Herbert George Wells, 1866~1946)** 영국의 소설가. 대표작인 《타임머신》에서 '타임머신'이라는 용어를 처음 만들어냈다. 《우주 전쟁》은 외계 생명체가 지구를 공격하는 내용이다.

단순한 호기심
우주는 어떻게 생겨난 걸까?

어떤 정치적인 이유
헤헤~ 메롱~ 우린 달에 갔지롱~ 약오르지?
부들부들
우우~ 우리도… 우리도 갈 거다, 뭐! 질까 보냐!

인류의 상상력과 과학자들의 연구가 거듭되어
이 책을 읽고 과학자가 되기로 결심했죠!
크면 우주비행사가 되고싶다
내가 썼지만 진짜 달에 갈 줄이야!
머쓱
지구에서 달까지
우주 전쟁

이렇게 다양한 이유로 우리가 우주를 이만큼 알게됐어.

주기도 하였죠. 또 역사적 흐름에 따라 강한 무기를 만들기 위해서나, 다른 나라와의 경쟁에서 지지 않기 위해 우주 개발에 박차를 가하기도 했어요. 다양한 이유가 합쳐져 지금의 역사를 만들어냈습니다.

결국 인류의 우주를 향한 호기심과 경외감이 우주 개발의 뿌리가 되었습니다. 우주 개발을 하면 할수록 우리가 알아가야 할 것은 더 많아 보여요. 하지만 태어난 우주로 돌아가려는 것이 어쩌면 인류의 본능은 아닐까요?

우주, 어디까지 가 봤니?

2019년 1월 1일, 뉴호라이즌스라는 탐사선이 13년 동안 항해한 끝에 소행성 '울티마 툴레'에 도달했습니다. 태양계의 끝자락에 위치한 울티마 툴레는 지금까지 인류가 탐사한 천체 중 지구로부터 가장 멀리 떨어진 곳이에요. 뉴호라이즌스는 명왕성을 탐사할 임무를 띠고 발사된 탐사선이었지만, 애초의 계획보다 더 멀리 도달했죠. 이 탐사선이 항해한 거리는 무려 65억km로, 태양과 지구 사이를 22번 정도 오갈 수 있는 엄청난 거리입니다.

미국에서 발사한 파이오니아 10호와 11호는 최초로 소행성대*를 넘어간 탐사선들입니다. 파이오니아 10호는 최초로 목성을 지났고, 파이오니아 11호는 처음으로 토성의 고리를 아주 자세히 촬영했어요. 비교적 우리에게 익숙한 보이저 1호와 2호도 마찬가지로 미국에서 1970년대에 발사한 탐사선입니다. 보이저 1호는 인류가 만든 물체 중 지구로부터 가장 멀리 떨어져 있죠. 두 번째는 보이저 2호예요. 두 탐사선 모두 아직도 지구와 통신하고 있습니다. 지금으로부터 약 40년 전에도 이렇게 뛰어난 탐사선들이 있었다니 놀랍죠?

> * **소행성대** 화성과 목성 사이에 소행성들이 모여 있는 공간.

벌써 몇십 년 전에 이런 탐사선을 발사한 것을 보니 우주를 항해하는 게 쉬운 일처럼 여겨질 수도 있겠어요. 하지만 현실은 그렇지 않답니다. 지금까지 인류는 1만 개가 채 안 되는 인공위성과 탐사선을 우주로 보냈는데요, 그중 대부분은 지구와 달 사이의 거리까지만 갈 수 있었거든요. 달을 넘어서 심우주*로 보내진 탐사선은 수백 대였고, 목성 너머까지 나간 탐사선은 2019년을 기준으로 9대에 불과해요.

> * **심우주(Deep space)** 지구에서 달까지의 거리보다 먼 우주 공간.

왜 이렇게 먼 우주로 가기 힘든 걸까요? 바로 중력 때문입니다. 지구가 우리를 끊임없이 끌어당기고 있거든요. 이런 지구를 떠나 근처 우주 공간으로 물체를 보내는 것도 쉬운 일이 아니에요. 예를 들어 비교적 가까운 우주로 1톤짜리 인공위성을 보내려면 100톤짜리 로켓이 필요합니다. 그 정도로 큰 로켓이 있어야 중력을 이기고 우주로 날아갈 수 있어요. 전체 로켓의 무게에서 우주로 보내는 물건의 무게는 정작 1% 정도에 불과한 것이죠. 달까지 가려고 하면 보낼 수 있는 무게가 또 절반 줄어들고, 목성 너머로는 훨씬 보내기가 어려워집니다. 하지만 어려운 일이라고 더 먼 우주로 나가는 것을 포기해야 할까요?

"우리가 달에 가는 이유는 그것이 쉬운 일이 아니라 어려운 일이기 때문입니다."

이 말은 존 F. 케네디 대통령이 했던 말이에요. 미국은 세계 최초로 달에 사람을 보내겠다는 야심을 온 세상에 선포했고, 그 외침은 현실이 되었습니다.

앞에서도 이야기했듯 냉전이 시작되면서 미국과 소련은 우주를 놓고 굉장한 경쟁을 펼쳤어요. 냉전은 2차 세계대전이 끝나고 미국과 소련의 사이가 나빴던 시기입니다. 총을 쏘면서 싸우지는 않았지만, 여러 분야에서 자기네 나라가 더 뛰어나다는 것을 증명하고자 소리 없이 대결했죠.

그러면 가장 먼저 우주로 물체를 쏘아 올린 쪽은 어디였을까요? 바로 미국이었습니다. 지금으로부터 70여 년 전에 사람이 만든 물체가 처음으로 우주로 발사되었죠.

뜻밖에도 미국에게 도움이 된 것은 독일이었습니다. 나치 독일이 2차 세계대전 때 사용하려고 만든 V-2라는 로켓을 전쟁에서 승리한 미국이 챙겨 갔던 것이죠. 1946년, 미국은 이 로켓을 100km 너머의 우주 공간까지 쏘아 올렸습니다.

그로부터 십여 년 뒤 이번에는 소련이 스푸트니크 1호*를 발사했습니다. 스푸트니크는 인류 최초의 인공위성이에요.

> * **스푸트니크 1호** 세계 최초의 인공위성. 크기는 58cm, 무게 83.6kg 되는 작은 인공위성이었다.

이처럼 세계 최초의 업적을 세우고 최고의 우주 개발국이 되기 위해 미국과 소련은 치열하게 경쟁했습니다. 유인 우주 비행에서 달 탐사에 이르기까지 두 나라는 마치 전쟁을 하듯 엄청난 돈과 인력을 아낌없이 투자했어요. 그 덕분에 인류는 달까지 갈 수 있었답니다.

우주 개발은 비교적 짧은 역사에 비해 많은 성과를 이루어 왔습니다. 이처럼 빠르게 발전할 수 있었던 이유는 앞서 수백 년에 걸친 연구가 밑거름이 되었기 때문입니다. 지금 우주로 날아가는 로켓은 무려 300여 년 전에 뉴턴이라는 과학자가 발견한 공식을 이용한 것이거든요. 과학자들이 발견한 과학 이론을 활용해서 기술자들이 우주선을 만드는 데는 오랜 시간이 걸립니다. 과학 기술은 계단을 오르는 것처럼 단계적으로 발전하거든요.

아마도 여러분 세대에는 화성에 사람이 내려서는 모습을 볼 수 있을 겁니다. 하지만 그보다 먼 행성을 찾아가는 데에는 더 많은 시간이 걸릴 거예요. 아름다운 목성과 토성의 위성들, 또는 화성과 목성 사이에 있는 커다란 소행성까지 사람이 가기 위해서는 더 많은 연구와 기술 개발이 필요하거든요. 지금 인류의 기술로 직접 갈 수 있는 곳은 지구 근처와 달, 화성 정도입니다. 그보다 멀리 가기 위해서는 누군가 새로운 과학적 발견을 해야 하고, 기술자들이 그것을 토대로 실제로 날아가는 우주선을 만들어야 해요.

당장 눈에 띄는 성과가 없더라도 지금의 연구가 계속 쌓인다면 몇백 년 뒤에는 영화에서만 보던 일들이 가능할지도 모릅니다. 그때가 되면 먼 후손들이 우리 덕을 볼 수도 있겠죠?

뉴호라이즌스
(2006년)
스푸트니크 1호(1957년)
파이오니아 10호
(1972년)
들어는 봤나,
뉴턴의 운동법칙?
이게 기본이야!
내가 말이야~
300년 전에 이거
다 생각해냈어!
알아?
미국
소련
독일
V2
F = ma
뉴턴의 운동법칙
제 2 법칙
후후후~
이건 우리가
접수하겠어!

최신 로켓이 늘 최선의 선택일까?

맨날 1등을 하는 학생이라고 다른 친구를 무시하면 안 되겠죠. 그런데 어느 날, 공부 못하는 줄 알았던 친구에게 1등 자리를 뺏긴다면 어떨까요? 실제로 그런 일이 우주 개발 초기에 일어났습니다.

1957년 10월 4일, 미국 워싱턴의 소련 대사관에서는 양국 과학자들이 모인 과학 세미나가 열렸습니다. 당시 미국인들은 소련을 뒤떨어진 농업 국가 정도로 여겼는데요, 어떤 소련 과학자가 술에 취해 이렇게 말했습니다.

"일주일 내로 우리 조국의 인공위성이 발사될 것이오!"

이 무렵 미국은 최초의 인공위성을 발사하려고 많은 노력을 기울였지만 계속 실패하고 있었어요. 세계 최고의 과학기술력을 가졌다고 자부하던 미국 과학자들은 이 말을 술주정뱅이 소련 과학자의 허풍이려니 생각하고 비웃었습니다. 하지만 잠시 뒤에 놀라운 소식이 전해졌어요. 소련의 방송사, 타스 통신에서 '스푸트니크 1호 발사 성공'을 알려왔기 때문이죠. 덕분에 세미나는 엉망이 되었고 다들 옥상으로 몰려가서 맨눈으로 인공위성을 보려는 소동이 벌어졌답니다.

사실 소련은 이미 3개월 전에 세계 최초로 대륙간탄도미사일*을 개발했습니다. R-7이라 불리는 이 미사일은 핵무기를 싣고 지구 반대편의 미국까지 날아갈 수 있었어요. 이 기술력을 활용해서 소련은 미국보다 먼저 인공위성을 띄우기로 했고, 겨우 몇 달 만에 스푸트니크 1호를 우주로 보내는 데 성공했습니다. 세계 최초의 인공위성이 탄생한 것이죠.

* **대륙간탄도미사일(ICBM)** 다른 대륙까지 멀리 날아가 목표한 지점을 맞춰 공격할 수 있는 미사일.

이때 미국이 받았던 충격은 대단했습니다. 충격이 너무 커서 따로 '스푸트니크 쇼크'라는 이름을 붙일 정도였지요. 세계 1위라는 자부심이 한순간에 무너져버린 데다가 적국인 소련이 언제든 자신들의 머리 위로 핵무기를 날릴 수 있다는 사실은 모두에게 공포심을 불러 일으켰습니다.

스푸트니크 쇼크 이후 미국은 대대적인 교육 개혁을 시작했어요. 영재를 육성하기 위해 모든 학교의 과학과 수학 교육을 강화했고, 이공계 학생들에게 많은 장학금을 주었습니다. 효율적인 우주 개발을 위해서 미항공우주국 같은 기관도 설립했어요. 지금 인류의 우주 개발을 앞장서서 주도하고 있는 NASA(나사)가 그때 만들어진 거예요.

우등생이었던 미국이 소련에게 1등을 뺏겼던 이유는 무

엇일까요? 다시 1957년으로 돌아가 보겠습니다. 소련의 우주 개발을 이끌던 사람들은 주로 공학자 출신이었습니다. 과학자와 공학자는 비슷한 것 같지만 조금 다릅니다. 과학자가 여러 연구 중에서 가장 뛰어난 원리를 찾아내는 사람이라면, 공학자는 목적을 이룰 수 있다면 구식이든, 최신식이든 가리지 않고 어떤 과학 이론이라도 받아들입니다. 예를 들어 수학에서 어떤 문제를 어려운 공식으로 한 번에 푸는 방법과 단순히 덧셈 뺄셈을 여러 번 해서 해결하는 방법이 있다면 더하고 빼는 쉬운 방법을 선택하는 것이 바로 공학이에요.

어떻게 보면 당시 소련과 미국의 승부는 이 차이에서 갈렸다고 볼 수 있어요. 미국과 소련은 모두 강력한 엔진을 개발하려고 열심히 연구했지만, 새로운 것을 만들려다 보니 자꾸 문제가 생겼거든요. 개발이 늦어지던 중 소련은 다른 방법을 생각해냈습니다. 바로 추진력이 약한 로켓을 여러 개 묶어서 쏘겠다는 거였죠. 크고 강한 엔진을 만들어낼 기술은 아직 없었지만, 소련은 그 기술이 완성되는 것을 기다리지 않고 간단한 발상으로 로켓을 쏘아 올려 먼저 우주로 나갔습니다. 덕분에 여러 엔진을 합쳐 만든 R-7 로켓은 매우 크고 복잡해졌지만요.

1957년 10월 4일 워싱턴
우리가 인공위성 먼저 쏠 거당~ 세계 최초로 쏠거당~
딸꾹~
하하하 재밌네요~
하하하~술 취했나봐
풉~
쿡쿡
뭐래?

잠시 후
딸꾹~
한다고 그랬잖아~ 그 어려운 걸 소련이 해냈습니다!
거짓말~
이럴수가…
진짜냐!

어떻게? 미국도 아직 개발 중인데! 이게 가능해?
머쓱~
엉? 우리도 개발하다가 그냥 있는 거 묶어서 보냈는데?
되더라구

스푸트니크 쇼크를 받으셨네…
아~ 자존심 상해~
부들부들
질까 보냐!
안되겠어! 대대적인 개혁이 필요해!
교육!
NASA설립

당시 미국과 소련의 로켓 설계도를 비교해 살펴보면 미국 로켓은 굉장히 간단합니다. 가장 최신 기술로 만들어진 강력한 로켓 엔진 한 개가 있고, 그 위에 연료통만 붙였거든요. 반면에 소련 로켓은 작은 엔진이 20개나 있어서 매우 복잡해요. 생긴 것도 날렵한 로켓을 상상하면 곤란하죠. 마치 볼링핀처럼 투박하게 생겼습니다. 그런데도 결국 최신 기술을 이용한 미국의 로켓보다 먼저 우주로 날아가는 데 성공했습니다.

언뜻 생각하면 가장 발달된 최신 기술을 사용하는 것이 최선의 방법이라고 여기기 쉬워요. 하지만 최신 기술을 사용하지 않았던 R-7 로켓은 발사에 성공한 이후 몇 차례의 개량을 거듭해 지금까지 무려 1,800번 넘게 우주로 발사되었습니다. 워낙 많이 만들고 사용하다 보니까 이제는 가장 신뢰할 만한 우주 로켓으로 거듭났지요.

현재 우주에 떠 있는 국제우주정거장* 으로 사람을 보내는 우주선은 단 하나뿐이라는 것을 알고 있나요? 그것은 바로 러시아의 소유즈 우주선이랍니다. 소유즈는 R-7을 조금 손봐서 만든 로켓으

* **국제우주정거장(ISS)**
미국과 러시아를 비롯한 세계 17개국이 함께 우주에 건설한 축구장 만한 크기의 정거장. 우주비행사들이 머무는 생활 공간이자 연구소이다.

로 발사하는데요, 달랑 3명의 우주비행사 또는 3톤 남짓한 화물 중에서 선택하여 운반해야 하는 비교적 작은 우주선이에요. 소유즈에 탑승한 우주인들이 찍은 사진을 보면 어깨를 맞대고 있을 정도로 자리가 비좁습니다. 그런데도 우주정거장으로 갈 때 오래된 로켓과 우주선을 사용하는 이유는 무엇일까요?

달 탐사 이후, 미국은 앞선 기술력을 이용해 우주왕복선을 만들어냈습니다. 한꺼번에 7명의 사람과 20톤의 화물을 우주로 보낼 수 있는 뛰어난 우주선이었지만, 아쉽게도 2011년에 135번째 발사를 마지막으로 물러났어요. 그사이에 우주왕복선은 두 차례나 폭발해서 총 14명의 우주비행사가 목숨을 잃었죠. 반면에 소유즈 우주선은 1971년 이후로 50년 가까이 한 번도 사람이 죽는 사고가 없었습니다.

왜 오래된 로켓을 사용하느냐는 질문에 답을 얻었나요? 사람이 탔는데 사고가 나면 안 되니까 가장 안전한 로켓을 보내는 것이죠. 가격이 저렴하다는 것도 장점입니다. 한 번 쏠 때 비용이 우주왕복선은 무려 1조 원이 넘지만, 소유즈는 우주왕복선 비용의 10%에 불과하거든요.

그러나 처음 R-7이 발사된 지도 벌써 60여 년이 흘렀습니다. 최초의 인공위성과 우주선을 보냈고, 지금도 우주정거장에 사람을 보내는 유일한 로켓이지만, 가장 큰 장점이 었던 신뢰성과 가격에서 경쟁력을 갖춘 새로운 로켓들이 등장하고 있어요. 2020년부터 우주정거장으로 사람을 보낼 때는 미국의 민간 우주 기업들이 만든 새로운 우주선이 참여할 예정이랍니다.

최초로 우주에 갔던 R-7의 시대는 점차 저물고 있습니다. 그렇지만 앞으로 10년 정도 더 사용할 예정이라고 하니 우주 개발에서 무엇이 중요한지 생각해 볼 여지가 있겠지요? 가장 최신의, 뛰어난 기술이 항상 최선은 아닙니다. 우주는 멀고 위험한 곳이라서 안전성과 신뢰성을 모두 갖춘 로켓이 필요해요. 그리고 최근에 중요한 점은 바로 가격입니다. 비용을 아끼지 않고 나라의 명예를 위해서 멋지고 값비싼 우주선을 만들던 시대는 끝났거든요. 조금 구식 기술이라도 안전하고 저렴하다면 언제든 환영받는 곳이 바로 우주랍니다.

냉전 때문에 달을 정복했다고?

"이것은 한 명의 인간에게는 작은 발걸음이지만, 인류에게는 위대한 도약이다."

지금으로부터 50년 전인 1969년 7월 20일, 미국의 우주비행사 닐 암스트롱*과 버즈 올드린*이 인류 최초로 달에 내려섰습니다. 그리고 닐 암스트롱의 저 유명한 말이 전 세계에 울려 퍼졌죠. 인류 역사의 한 페이지를 장식한 위대한 도약이었지만, 미국에게도 이 한 걸음은 특별했습니다. 바로 우주 경쟁에서 미국이 소련에 승리한 증표였거든요.

소련의 유리 가가린*이 최초의 우주 비행에 성공하자 자존심에 큰 상처를 입은 미국은 소련보다 먼저 사람을 달에 보내야겠다고 다짐했어요. 그리고 숱한 노력 끝에 아폴로

* **닐 암스트롱(Neil Alden Armstrong, 1930~2012)** 인류 최초로 달에 내렸던 우주비행사. 한국전쟁에도 참전한 전투기 조종사였으며 미국 최초로 우주 도킹에 성공하기도 했다.
* **버즈 올드린(Edwin Eugene Aldrin jr., 1930~)** 아폴로 11호에 탑승했던 미국의 우주비행사. 육군사관학교를 졸업한 뒤 전투기 조종사로 일하다가 우주비행사가 되었다.
* **유리 가가린(Yurii Aleksevich Gagarin, 1934~1968)** 인류 최초로 우주 비행에 성공한 소련의 우주비행사. 훈련 도중 비행기 추락 사고로 사망했다.

* **아폴로 11호** 1969년에 닐 암스트롱과 버즈 올드린, 마이클 콜린스를 태우고 달에 착륙했던 우주선. 그리스 신화에 나오는 태양의 신, 아폴로에서 이름을 따왔다.

11호*는 달 탐험을 무사히 끝내고 8일 만에 지구로 돌아올 수 있었죠.

그 이후로 아폴로 11호를 비롯해 17호까지 모두 합쳐서 24명의 우주비행사가 달 근처에 도달했어요. 그중 12명이 달 표면을 거닐었지만, 마지막 달 착륙이 있었던 1972년 이후로는 아무도 달에 가지 않았답니다.

가가린이 1961년에 처음으로 우주 비행에 성공했으니까 그로부터 겨우 8년 만에 사람을 달로 보낸 것인데요, 그 뒤로 반세기 가까이 왜 달에 가지 않았을까요? 이 때문에 지금도 '달 착륙 조작설'과 같은 음모론이 끊이질 않습니다. 과학기술이 더욱 발전했으니 전보다 훨씬 쉽게 달에 갈 수 있어야 될 것 같은데 말이에요. 과연 달에 가지 못한 것일까요? 아니면 가지 않을 다른 이유가 있었을까요?

19세기의 유명한 SF 소설가 쥘 베른이 쓴 《지구에서 달까지》라는 소설이 있습니다. 이 SF 소설에는 인간이 달까지 날아가는 여정이 자세히 소개되죠. 우주에서의 무중력 상태와 지구로 돌아오는 과정까지 실감나게 그린 이야기는 우주를 꿈꾸던 전 세계 청소년에게 큰 영향을 주었어요. 그리고 20세기가 되자 소설의 내용을 현실로 만들려는 사람들이 나타났습니다. 러시아의 콘스탄틴 치올콥스키*, 미국의 로버트 고다드*, 독일의 헤르만 오베르트*가 바로 그들입니다. 이 세 사람은 각자 멀리 떨어진 나라에 살았지만, 모두 우주 개발의 기초가 되는 이론을 연구했답니다.

1차 세계대전이 끝나고 독일에서는 로켓 연구가 활발했는데요, 이런 분위기 속에서 베르너 폰 브라운*이라는 사람이 등장합니다. 폰 브라운은 열두 살에 장난감 자동차에 폭죽을 채워 넣어 길거리로 쏘았다가 잡혀갈 정도로 로켓에 관심이 많았어요. 수학과 물리학에 그다지 소질이 없는 평범한 청소년이었지만, 같은 독일에서 태어난 오베르트의 책을 읽고 로켓 공학자를 꿈꾸며 베를린 공대에 진학했습

* **콘스탄틴 치올콥스키(Konstantin Eduardovich Tsiolkovskii, 1857~1935)** 소련의 물리학자. 로켓과 인공위성 등 우주 비행과 관련된 많은 이론과 아이디어를 남겼고 로켓의 형태, 비행 방식 등에 많은 영향을 주었다.
* **로버트 고다드(Robert Hutchings Goddard, 1882~1945)** 미국의 물리학자이자 로켓 개발자. 최초로 액체연료방식 로켓을 만들어 발사했다.
* **헤르만 오베르트(Hermann Julius Oberth, 1894~1989)** 독일의 로켓 공학자. 대학 교수로 일하며 로켓과 우주에 대해 연구했다. 《행성 공간으로의 로켓》이라는 책을 써서 우주여행의 이론을 다졌다.
* **베르너 폰 브라운(Wernher von Braun, 1912~1977)** 독일에서 태어나 미국에서 생을 마친 로켓 연구가. 독일의 V-2 로켓을 만들었고, 냉전 시기에는 미국으로 건너가 아폴로 계획 등 여러 우주 프로그램에 참여했다.

니다. 수포자였던 학생이 우주로 가고 싶다는 열망 때문에 독일 최고의 대학교에 합격했던 것이지요.

열아홉 살에 우주여행협회라는 민간 로켓 개발 모임의 핵심 멤버로 참여했던 폰 브라운은 2차 세계대전이 벌어지자 나치 독일의 지원으로 진짜 로켓을 만들었습니다. 바로 인류 최초의 우주 로켓이었던 V-2 미사일이죠.

독일의 패배로 전쟁은 끝이 났고 V-2 로켓 기술은 전쟁에서 이긴 미국과 소련이 나누어 가졌습니다. 그 기술을 발판으로 인류가 달까지 갈 수 있었지요. 폰 브라운은 미국으로 건너가 로켓 개발을 이어갔어요. 그리고 마침내 자신의 오랜 꿈이었던 달 탐사에 나설 수 있었습니다. 아폴로 계획이 끝나고 다음 차례는 화성 탐사였지만 무산되고 말았고, 실망한 폰 브라운은 은퇴했답니다.

그 무렵 소련에서도 비슷한 일이 있었습니다. 최초의 인공위성 스푸트니크 1호를 만들었던 세르게이 코롤료프*라는 공학자도 달 탐사를 하기 위해서 많은 애를 썼어요. 독일의 로켓 기술은 미국에게 더 많이 넘어갔지만, 소련은 V-2 로켓의 일부 부품만 갖고서도 먼저 대륙간탄도미사일

*** 세르게이 코롤료프(Sergei Korolev, 1906~1966)** 소련의 로켓 개발자. V-2 로켓을 바탕으로 R-7 로켓을 개발했다. 최초의 인공위성인 스푸트니크 1호와 최초의 유인 우주선 보스토크 등 여러 우주 프로젝트를 성공시켰다.

을 만들어냈습니다. 그걸 주도했던 인물이 코롤료프인데요, 신무기를 개발하는 데 만족했던 소련 지도자들에게 미국보다 먼저 인공위성을 띄워야 한다며 설득했고, 우주로 사람을 보내야 한다고도 말했죠.

설득왕 코롤료프 덕분에 소련은 세계 최초의 인공위성과 유인 우주 비행을 성공시켰습니다. 다음 단계로 달까지 사람을 보내려 했지만, 불행히도 코롤료프가 병으로 사망하면서 계획에 문제가 생겼어요. 그러는 사이에 우주 경쟁에서 잇단 패배를 겪던 미국이 절치부심해서 소련보다 먼저 달에 착륙할 수 있었지요.

여기서 한 가지 공통점을 찾을 수 있어요. 우주 개발이 처음에는 모두 군사 목적으로 시작되었다는 것입니다. 핵무기 개발보다도 더 많은 예산이 필요했지만, 전쟁이라는 특수한 상황 때문에 강대국들은 막대한 비용도 기꺼이 썼습니다. 평화로운 때에는 상상도 못할 일이죠.

전쟁을 둘러싼 여러 흐름을 이용해 달까지 갈 수 있었던 모험가들이 다음 목표로 삼은 것은 화성이었습니다. 그런데 차츰 사람들이 우주에 흥미를 잃기 시작했어요. 미지의 세계였던 우주를 알아갈수록 생각보다 멋진 광경을 볼 수 없었거든요.

닐 암스트롱이 달에 착륙할 때는 전 세계에서 수억 명이 그 모습을 지켜봤습니다. 그런데 그 뒤로 다른 탐사선들이 달에 착륙할 때는 갈수록 시청자가 줄어들었어요. 달 표면은 황량한 사막과도 같았거든요. 전설 속에 나오는 토끼도, 기대했던 외계 천체의 환상적인 풍경도 없었죠. 사람들은 그저 우주복을 입은 뚱뚱한 우주비행사들이 슬로모션처럼 느릿느릿 움직이며 돌을 캐는 모습만 볼 수 있었어요.

우주 경쟁에 열을 올렸던 정치인들도 달에 다녀오자 더 이상 큰돈이 들어가는 유인 달 탐사를 할 필요가 없다고 생각했습니다. 대중의 관심이 사그라들고, 정치적인 이유가 사라진 달 탐사는 계속될 수 없었습니다. 소련 역시 미국이 먼저 달에 착륙하자 달 탐사를 포기했어요. 2등을 하기 위해 엄청난 돈을 쓸 이유가 없다고 판단한 것이지요.

달은 한동안 우주로 가려는 사람들의 가장 큰 목표였고 동경의 대상이었습니다. 그러나 정작 달을 정복하자 썰렁한 곳에 굳이 사람을 보내서 탐사할 필요가 없어 보였죠. 그 뒤로 반세기 동안 인간이 다시 달에 가지 않은 것은 어찌 보면 합리적이라 할 수 있겠죠?

이것은 한 명의 인간에게는
작은 발걸음이지만,
인류에게는…

미국에게는 승리!
캬캬캬
디스이스
어메리카!

소련에게는 절망!
어흑~
보드카 좀
갖다주게
독한 걸로…
드디어 미국이
달에 갔습니다

잠깐! 그런데 왜 그 뒤로
한동안 달에 가지 않은 거죠?
혹시
조작 아냐?
응?
응?
미국
러시아

아니, 뭐
냉전 시대도
끝났고…
맞아!
무엇보다
사람들이 이제 별로
관심이 없어서…
돈도 너무
많이 들고~
요즘은 영화가
더 리얼해서
뭐 꼭 가야 되나
싶기도 하고.
쳇!
그런 거였어?
생각보다 굉장히
현실적인 이유였구나.

로켓과 우주선은 뭐가 다를까? - 우주 용어 알아보기

로켓과 미사일, 인공위성 등등 우주로 발사되는 물체들이 많지요? 무엇을 로켓이라고 하고 무엇을 우주선이라 부르는지 알아볼게요.

먼저 **로켓**과 비행기는 어떤 점이 다를까요? 비행기는 공기가 있는 곳에서만 날 수 있습니다. 연료를 태워서 엔진을 움직이려면 산소가 꼭 필요하거든요. 그래서 로켓에는 연료뿐 아니라 산소가 포함된 산화제를 함께 싣습니다. 덕분에 공기가 없는 우주에서도 날아갈 수 있지요.

산화제와 연료가 만나면 불꽃을 내뿜으면서 연기가 나오는데요, 이 연기가 빠르게 뿜어져 나오면 '작용과 반작용'이라는 원리로 로켓이 날아갑니다. 로켓은 외부의 아무런 도움 없이도 작용과 반작용을 이용해 움직일 수 있는 모든 기구예요. 인공위성이나 탐사선을 우주로 보낼 때 로켓에 실어 보내죠.

무기로 사용하는 **미사일**도 로켓의 일종입니다. 똑같은 로켓 중에서도 폭탄을 싣고 날아가는 것을 미사일이라고 해요. 첫 인공위성인 스푸트니크 1호를 싣고 우주로 나갔던 R-7 로켓도 원래는 핵미사일로 개발된 것이었어요.

우주로 가는 로켓도 있지만, 날아갈 수 있는 거리가 짧아서 우주까지 못 가는 것도 많습니다. 그래서 우주까지 갈 수 있는 로켓을 따로 **발사체**라고도 불러요. 미사일도 로켓에 포함된다고 했죠? 그중에서 우주를 비행하는

대륙간탄도미사일도 원래는 발사체에 속합니다. 우리나라에서는 평화적인 목적의 우주 로켓을 발사체라고 부르는 편이에요.

인공위성은 대부분 지구 주위를 돌면서 지표면이나 우주를 관측하고 통신을 중계합니다. 우주 공간에서 지평선 방향으로 총알보다 수십 배 빠르게 날아가면 지구로 떨어지지 않고 빙빙 돌 수 있는데요, 이것을 '인공위성의 원리'라고 합니다. 지구 궤도에 한번 자리를 잡으면 특별히 에너지를 쓸 일이 없어서 적은 연료를 가지고 있지요.

탐사선은 인공위성과 비슷한데요, 지구를 벗어나서 다른 별이나 우주 공간을 탐사하는 용도로 쓰입니다. 멀리 떠나야 하기 때문에 인공위성보다 더 많은 연료를 가지고 있어요. 인공위성은 대부분 실용 목적으로 쓰이지만, 탐사선은 순전히 과학 탐사용으로 사용됩니다. 간혹 달이나 화성, 소행성에 착륙하는 탐사선도 있는데요, 이럴 때는 착륙선이라고도 부릅니다.

탐사선에는 사람이 타거나 화물을 싣지 않습니다. 반면에 **우주선**은 사람이 타면 유인 우주선이라고 하고, 화물을 운반하는 것은 무인 우주선이라고 합니다. 당연히 덩치도 탐사선보다 더 큰 경우가 많아요. 우주선에 탐사선의 기능까지 갖추는 경우도 있답니다.

우주에 다녀오는 두 가지 방법 - 서브오비탈과 오비탈 비행

국제항공연맹은 지표면에서 100km 이상의 공간을 '우주'라고 정했습니다. 그 경계가 되는 선을 '카르만 라인(Kármán line)'이라 부르는데요, 우주 비행은 카르만 라인 너머로 다녀온 것을 뜻합니다.

지상에서 100km를 올라가면 공기가 거의 없어서 진공이나 마찬가지랍니다. 하지만 총알보다 몇십 배 빠르게 날아가는 우주선은 그런 희박한 대기와의 마찰로도 금세 속도를 잃고 추락하게 됩니다. 실제로 우주선들은 200~300km가 넘는 높이로 날고 있어요. 그쯤은 되어야 대기 마찰을 무시할 수 있기 때문입니다.

카르만 라인 너머로 고개를 잠깐 내밀었다가 그대로 돌아오는 것을 '서브오비탈(Sub-orbital)' 비행이라고 합니다. 다른 말로는 탄도비행이라고도 하죠. 우리가 알고 있는 탄도미사일이 바로 서브오비탈 비행을 하는 로켓이랍니다.

반면에 우주정거장이나 인공위성처럼 계속 지구를 빙빙 돌며 추락하지 않는 것은 '오비탈(Orbital)' 비행입니다. 일단 달이나 화성까지 가기 위해서는 오비탈 비행부터 해야 합니다.

여기 부터가 우주
지상에서
100km 이상
지구
우오오오~
100km는
올라가야 우주에
갈 수 있다!
우주다! 우주!
응? 벌써 끝이야?
잠깐! 이건 너무 짧은데? 생각했던 우주랑 달라!
고객님~ 이건 서브오비탈 입니다.
뭘 기대 한거냐.
서브오비탈 비행
저거야 저거! 내가 생각한 우주여행!
오비탈비행은 아무나 할 수 있는게 아냐.
오비탈 비행

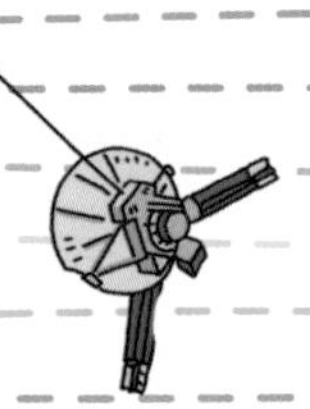

두 가지 우주 비행이 모두 우주에 다녀오는 것은 맞지만, 우리가 흔히 우주 비행이라고 말하는 것은 오비탈입니다. 서브오비탈이 훨씬 손쉽지만 우주에 머무르는 시간이 겨우 몇 분에 불과해서 우주를 제대로 느끼기 어렵답니다. 마치 등산을 갈 때 산 정상 근처까지만 올라갔다가 그대로 내려오는 것이 서브오비탈 비행인 셈이죠. 아예 산꼭대기에서 며칠, 몇 달간 머물다가 오는 것은 오비탈 비행입니다.

2장
지구를 떠나는 여러분께 안내 말씀 드립니다

너무나 연약한 인간의 몸

SF 영화를 보면 우주로 나간 사람들이 처음에는 낯설어하다가도 얼마 지나지 않아 무중력 공간을 둥둥 떠다니며 즐거워하는 장면이 나옵니다. 그런데 진짜로 우주에 가면 신나는 일만 있을까요?

사람은 지구에서 살아가기 알맞게 진화한 생명체랍니다. 그렇다면 지구는 어떤 행성인가요? 우선 지구에는 중력이 있죠. 평소에 잘 느끼지 못하지만 중력은 지금도 우리를 지구에 꽉 붙들어 두고 있어요. 또 눈에 보이지 않아 자주 소중함을 잊지만, 공기가 우리를 둘러싸고 있습니다. 지구에 충분한 공기가 있는 덕에 숨도 쉬고 많은 생물이 살아가고 있어요. 만약 중력과 대기가 사라지면 어찌 될지 상상만 해도 끔찍하죠? 그런데 이 위험한 상상이 우리 머리 위로 조금만 올라가면 현실로 펼쳐집니다. 바로 우주라는 공간이지요.

중력이 없으면 어떤 느낌일까요? 롤러코스터나 자이로드롭 같은 놀이기구를 한번 떠올려 보세요. 높은 곳에서 갑자기 아래로 휙 떨어지면 잠깐 중력이 사라지면서 붕 뜨는 듯한 기분이 들죠? 중력에서 해방되면 자유로울 것 같아도 항상 우릴 감싸주던 힘이 없어지면 몸이 당황한답니다. 그런 이상한 기분이 스릴로 이어져서 가슴 철렁하게 만드는 것이지요.

자, 이제 여러분 앞에 거대한 자이로드롭이 있다고 상상해 보세요. 놀이동산에 있는 것은 고작 몇십 미터 높이인데, 이 녀석은 수백 킬로미터 높이랍니다. 그럼 꼭대기에서 밑으로 내려가 볼까요? 몇 초가 아니라 몇 분, 아니면 몇 시간을 계속 추락합니다. 그때 느끼게 될 공포와 울렁거림은 이루 말할 수가 없겠죠. 우주로 간 사람들이 받는 느낌이 바로 이것이랍니다.

아무리 훈련받은 우주비행사라도 우주에 가면 대부분 심한 멀미를 하게 된다고 해요. 우주 비행은 놀이기구처럼 잠시 동안이 아니라 지구로 돌아오기 전까지 내내 무중력 상태가 이어지기 때문에 심하면 멀미가 며칠씩 이어지죠. 그래서 우주인들은 멀미에 대처하는 훈련도 받아요. 그런 와중에 지구에 있는 사람들을 위해 카메라를 보며 웃음 지어야 한다면 얼마나 곤란할까요? 겉으론 웃고 있어도 웃는 게 아닐 거예요.

우주에 머물렀던 우주비행사들은 그동안 많은 실험을 수행했어요. 그중에는 사람이 우주에서 산다면 어떻게 될지 알아보는 실험도 있었지만, 결과는 매우 실망스러웠답니다. 무중력 때문에 몸이 퉁퉁 붓거나, 두통과 어지럼증이 생기고 심지어 눈앞이 흐려지는 증상까지 있었거든요. 운동을 해도 힘을 제대로 줄 수가 없어서 몸의 근육이 빠르게 줄어들었어요. 그래서 우주에서는 근육을 잃지 않기 위해 무조건 하루에 두 시간씩 운동해야 한답니다.

먹는 것도 쉽지 않습니다. 모든 것이 둥둥 떠다녀서 음료수도 팩에 담아 빨대로만 마셔야 해요. 그러지 않으면 물방울이 제멋대로 떠다니면서 우주선의 기계를 고장 낼지도 모르거든요. 게다가 무중력에서는 불이 위로 타오르지 않고 사방으로 둥글게 퍼져서 맛있는 음식을 만들 수가 없습니다. 편의점에서 파는 반조리 식품처럼 모두 전자레인지로 데워서만 먹어야 하죠. 하루 이틀이면 버틸 수 있겠지만, 몇 달간 편의점에서만 먹고 산다고 생각하면 싫증이 날 만하겠죠?

심지어 우주에서 사람은 맛을 느끼는 감각을 금방 잃어버린답니다. 얼굴이 부으면서 콧구멍이 좁아지니까 냄새를 제대로 맡지 못해 미각도 함께 무뎌지거든요. 우주에 두 달 이상 머무르면 입맛을 아예 잃어서 음식을 입에 대기 싫어지는 경우가 많답니다. 평소에는 좋아하던 음식을 못 먹게 되기도 하고요.

제일 힘든 일은 좁은 곳에 오래 갇혀 지내기 때문에 스트레스가 이만저만이 아니라는 거예요. 우주선에서 몇 주 동안 함께 지내던 우주비행사끼리 감정이 예민해져서 다투는 경우도 종종 볼 수 있죠. 감정이 상했더라도 문을 열고 나갈 수도 없어요. 우주선 바깥은 우주복 없이는 한순간도 살아남을 수 없는 극한의 공간이니까요. 그래서 우주인을 뽑을 때는 능력뿐 아니라 성격도 꼼꼼히 살핀답니다. 성격 좋은 사람들로 골라서 보냈는데도 그랬으니, 친구들과 함께 우주여행을 간다면 미리 다투지 말자는 우정의 각서를 써 둬야 할지도 몰라요.

그렇다면 우주 비행에서 가장 위험한 순간은 언제일까요? 바로 우주선을 타고 우주로 올라갈 때와 내려올 때예요. 전투기 조종사처럼 엄청난 가속도를 받게 되거든요. 자동차를 타고 가다가 갑자기 급정차하면 몸이 앞쪽으로 휙

집에 가고 싶어.
답답해 미칠 거 같다
아이고 멀미야~
지구에서도 안 하던
멀미를 우주에서
하다니…
중력이
그리워
둥실
둥실~
아~제대로 된
음식을 먹고 싶다.
인간이 생각보다
훨씬 연약하다고!

쏠리게 되죠? 우주로 나갈 땐 그런 힘을 크게는 수십 배까지 받게 됩니다. 그래서 몸이 허약한 사람이나 어린아이와 노인은 우주선을 탔다가 쓰러질 수 있기에 반드시 신체검사를 통과한 튼튼한 사람들만 올라갑니다.

어떤가요? 혹시 생각했던 것보다 우주가 위험하고 힘든 곳으로 느껴지나요? 우주로 나가는 것이 이렇게 위험천만한 일임에도 많은 사람들이 우주비행사가 되기 위해 엄청난 훈련을 견디고 있어요. 찬란한 우주가 그만큼 매력적인 곳이기 때문이죠. 지금은 우주로 떠나는 여정이 어렵고 떠날 수 있는 사람의 수도 적지만, 앞으로는 우주 비행이 점점 쉬워질 거예요. 더 많은 사람들이 우주로 떠날 수 있는 우주여행의 시대가 곧 열릴 예정이거든요.

세계 최고봉이라는 에베레스트산은 얼마 전까지 훈련받은 용감한 등산가들이나 올라갈 수 있었어요. 그런데 이제는 많은 사람이 길을 내고, 등산 코스를 잘 정돈한 덕에 일반인도 돈만 내면 가이드의 도움을 받아 올라갈 수 있죠. 우주도 마찬가지랍니다. 지금까지는 숙련된 우주비행사가 위험을 무릅쓰고 다녀왔지만, 벌써 우주에 다녀오는 민간인이 속속 생기고 있어요. 우주도 사람들이 많이 다녀올수록 오가는 길이 더욱 편해질 거예요.

혹시라도 여러분이 우주로 여행을 떠나게 된다면 이 한 가지는 잊지 마세요. 인간의 육체는 정말로 우주에서 연약하답니다. 우주선이나 우주복으로 보호받지 못하면 금세 치명적인 위험에 노출되고 말아요. 과연 우주에서 조심해야 할 것에는 또 무엇이 있을까요?

치명적인 위협, 우주방사선

1770년 9월 어느 날, 조선의 밤하늘이 붉게 물들었습니다. 이 기묘한 현상은 9일 동안이나 계속되었어요. 사람들은 평소와 달리 붉은 하늘을 보며 불안해했지요. 1859년에도 하늘에 이상한 일이 벌어졌습니다. 이번에는 지구 반대편에 있는 남미의 카리브해에서 오로라가 펼쳐진 거예요. 북극 근처에서나 볼 수 있는 오로라가 적도 가까운 곳에서 발생하다니, 평소라면 절대 있을 수 없는 신기한 일이었죠. 당시 전기 통신 기술을 처음 도입했던 미국이나 영국에서는 이유 없이 통신 신호가 끊기는 일까지 일어났어요. 과연 이러한 기상 이변은 왜 일어났던 것일까요?

그 이유를 알기 위해서는 먼저 방사선에 대해 알아야 해요. 혹시 병원에서 엑스레이를 찍어본 적이 있나요? 엑스레이는 방사선을 몸에 쏘아 다친 곳을 알아내는 의료 기계예요. 눈으로는 확인할 수 없는 몸속의 뼈나 장기를 볼 수 있죠. 이때 사용되는 의료용 방사선은 아주 적은 양이라서 우리 몸에 큰 문제가 되지 않아요. 하지만 많은 양을 쐬면 이야기가 달라진답니다. 암이 생기거나 유전자가 변하는 위험한 일이 일어날 수 있거든요.

사실 우리 주변에는 항상 방사선이 존재합니다. 땅속 광물에서도 자연적으로 방사선이 발생하고, 심지어 건물 벽에서도 나와요. 그러나 다행히 그 양이 너무 적어서 건강을 위협하진 않습니다. 문제는 우주에서 불어오는 방사선이에요. 우주 공간에는 태양에서 나오는 방사선과 은하수에서 불어오는 방사선이 뒤섞여 있는데요, 이것을 '우주방사선'이라고 합니다. 우주방사선은 지구에서 자연적으로 발생하는 방사선보다 훨씬 강력해서 지구의 모든 생명체를 위협할 정도지만, 다행히 지표면까지는 내려오지 못한답니다. 어떻게 지구는 우주방사선으로부터 안전할까요?

비밀은 바로 지구의 자기장과 대기권에 있어요. 혹시 과학 시간에 막대자석 주변에 철가루를 뿌리는 실험을 해 본 적 있나요? 이 실험을 하면 눈에 보이지 않는 자석의 힘을 철가루를 통해 확인해 볼 수 있어요. 자기장은 자석의 힘이 영향을 주는 공간을 말해요. 우리 지구도 그런 자기장을 가지고 있는데요, 마치 사과 모양처럼 지구 주변을 감싸고 있답니다. 대부분의 우주방사선은 이 자기장에 가로막혀서 지상까지 내려오지 못하는 거예요.

소중한 대기권도 큰 역할을 하고 있습니다. 약간의 우주방사선이 자기장을 뚫고 내려와도 대기권의 공기 알갱이와 부딪쳐서 가로막히고 말아요. 그 덕분에 지상에 있는 우리는 우주방사선으로부터 안전할 수 있는 것이죠.

아름답게 하늘을 수놓는 오로라는 태양에서 불어오는 방사선이 북극 주변의 자기장에 사로잡혀서 모인 것이랍니다. 자기장도 완벽하게 지구를 보호하진 못해서 북극과 남극 주위로는 커다란 구멍이 뚫려 있거든요. 그래서 갈 곳을 잃은 우주방사선이 극점* 주위로 모여들었다가 대기권과 충돌하면서 춤추는 듯한 빛의 커튼으로 보이는 것이지요.

* **극점** 지구의 위도 90도 지점. 남극점과 북극점이 있다.

18세기 한반도 주변의 붉은 밤하늘, 19세기 카리브해의 오로라는 모두 우주방사선이 거세져서 생긴 것이랍니다. 11

받아라
우주방사선
웅웅웅~
흡-
지구자기장
& 대기권
지구가 오늘도
열일하네…
그러게…

년에 한 번씩 태양의 활동이 활발해지면 플레어가 자주 발생하는데요, 당시에 거대한 태양 플레어가 폭발하면서 평소보다 훨씬 많은 양의 방사선이 지구로 쏟아졌거든요. 태양 플레어는 또 뭐냐고요? 때때로 태양 표면에서 엄청난 화염과 함께 많은 방사선이 우주 공간으로 뿜어져 나가는데요, 이것을 플레어라고 합니다.

혹시 가까운 미래에 태양에서 슈퍼 플레어가 발생하면 어떻게 될까요? 갑자기 많은 우주방사선이 지구로 쏟아져도 자기장과 대기권이 막아 줘서 생명에 직접적인 위협은 되지 않아요. 그러나 아주 강력한 플레어가 폭발하면 통신 장치가 고장 나거나, 정전이나 화재가 발생할 수도 있거든요. 과거에는 전기를 별로 사용하지 않았지만, 지금 우리 주변에는 전기를 사용하는 물건이 너무나 많습니다. 어느 날 모든 스마트폰과 컴퓨터가 고장 나고, 전기도 끊기면 그 혼란은 말도 못하겠죠?

자기장과 대기권으로 겹겹이 보호받는 지구에서도 이런데, 우주 공간에서는 어떨까요? 엄청난 우주방사선을 고스란히 뒤집어쓰면 목숨까지도 위험할 겁니다. 우주방사선은 지표면에서 조금만 올라가도 그 양이 크게 증가하거든요. 10km 이상의 고도에서 오랜 시간 비행하는 여객기의 승무

원은 자주 건강 검진을 받아야 할 정도랍니다.

우주비행사들은 더 고도가 높은 대기권 밖에서 머물기 때문에 여객기 승무원보다 더 많은 우주방사선을 쬐게 됩니다. 그래서 우주에 나가 있는 동안 계속 방사선에 얼마나 노출됐는지 검사하고, 위험 수준에 도달하면 바로 지구로 돌아와야 해요.

국제우주정거장에서 머무는 우주비행사들은 대기권의 보호는 받지 못하지만, 지구 자기장이라는 든든한 보호막 덕분에 아주 심각한 위협을 받지는 않습니다. 문제는 자기장 영역 바깥으로 나가는 경우예요. 다행히 아폴로 우주선을 타고 달에 다녀왔던 우주비행사들은 비행 기간이 일주일 정도로 짧아서 큰 문제는 없었답니다.

하지만 앞으로 달에 몇 주 이상 머무르거나, 몇 개월씩 걸려서 화성을 오고 갈 사람들에겐 우주방사선이 심각한 위협이 될 거예요. 화성으로 한 번 가는 동안 받는 우주방사선의 양은 지구에서 평생 쬐는 양과 비슷하다고 합니다. 심지어 달이나 화성에는 자기장이 거의 없어요. 보호막도 없으니 지구에 있을 때보다 더 많은 방사선을 쬐게 되겠죠.

사람이 우주에 오래 머물 수 있도록 과학자들이 방사선을 막기 위한 여러 방법을 짜내고 있는데요, 아직 뾰족한 대

책을 마련하지 못했습니다. 이런 우주 환경 때문에 달이나 화성에 사람이 머문다면 아마도 동굴이나 지하에서 살게 될 것으로 예상하고 있어요. 달 표면에 지은 멋진 건물에서 창밖으로 지구를 감상하는 모습은 보기 어렵겠죠.

우주 공간은 아무것도 없이 텅 빈 것처럼 보이지만, 눈에 보이지 않는 우주방사선으로 가득 차 있습니다. 만약 우주선을 타고 화성으로 가는 도중에 태양 폭풍을 만나면 어떻게 해야 될까요? 달 표면에서 산책을 즐기고 있는데 갑자기 태양 플레어가 발생하면요? 우주방사선, 우주에서 살기 위해서는 막을 방법을 꼭 찾아야겠죠?

우주복 없이 우주로 나가면 어떻게 될까?

우리가 우주여행을 가더라도 우주 공간을 자유롭게 떠다니거나, 달 표면을 걷는 것은 당분간 어려울 거예요. 우주선 바깥으로 나가는 것을 우주 유영*이라고 하는데요, 우주 유영을 하려면 매우 힘든 훈련을 거쳐야 해서 일반인이 도전하기는 어렵습니다.

* **우주 유영(EVA: Extra-vehicular activity)** 우주선 밖 우주 공간에서 우주선 수리 등의 활동을 하는 것.

만일 우주 유영에 나선 사람이 우주 공간에서 우주복을 벗으면 어떻게 될까요? 과학 강연에서 이 질문을 여러 번 해 봤는데요, 정말 다양한 답변이 나왔습니다. 그중에서 제일 많았던 답변이 바로 이것이랍니다.

"몸이 풍선처럼 부풀어서 뻥 터지지 않나요?"

많은 친구가 이렇게 생각한 것은 과학적인 이유 때문입니다. 기압이 낮아질수록 풍선이 부풀듯이 진공 상태인 우주에서는 사람이 풍선처럼 부풀다가 결국엔 터져버릴 것으로 생각한 것이지요. 평소에 과학에 관심이 있었다면 떠올릴 만한 발상입니다. 정말 그럴지 한번 알아볼까요?

인류 최초로 우주 유영을 했던 사람은 소련의 알렉세이 레오노프*예요. 1965년에 레오노프는 에어쿠션으로 둘러싸인 출입구를 통해서 우주에 나갔지만, 우주선으로 되돌아올 때 큰 문제를 겪었어요. 우주복이 압력 때문에 팽팽하게 부풀어 올라서 출입구에 끼는 바람에 다시 우주선으로 들어갈 수 없었던 것이죠. 한참 동안 사투를 벌이던 레오노프는 스스로 우주복 내부의 공기를 빼서 홀쭉해진 다음에야 겨우 우주선에 들어갈 수 있었습니다.

*** 알렉세이 레오노프 (Alexey Leonov, 1934~2019)** 최초로 우주 유영에 성공한 소련의 우주비행사. 약 5미터 길이의 연결선에 의지해서 12분 동안 우주선 밖에 머물렀다.

사람의 피부는 생각보다 질겨서 풍선처럼 몸이 뻥 터지진 않습니다. 하지만 우주복이 만능은 아니에요. 아주 두꺼운 옷이라고 생각하면 비슷한데요, 튼튼한 재질로 만들어졌어도 그냥 입으면 레오노프처럼 우주복이 부풀어 오르는 것은 어쩔 수가 없죠.

그래서 요즘 우주비행사들은 우주 유영을 하기 전에 미리 우주복의 압력을 낮추는 감압을 거치게 되었습니다. 사람은 압력을 어느 정도 낮추거나 높여도 적응할 수 있거든요. 밀폐된 방에서 천천히 압력을 낮추면 외부의 압력에 몸이 적응합니다. 이것을 감압이라고 해요. 감압을 해야 우주복이 덜 부풀어서 활동하기가 좋아요. 지구의 표준 기압인 1기압보다 훨씬 낮은 0.3~0.4기압까지 압력을 낮추면 우주복이 부풀어 오르는 것을 방지할 수가 있습니다.

우주는 공기만 없는 곳이 아니랍니다. 지구를 떠나서 우주로 가면 바깥 온도가 영하 150도에서 영상 120도를 오르락내리락하지요. 같은 위치에서도 햇빛을 받는 방향은 매우 뜨겁고, 그늘진 부분은 극한의 추위를 느끼게 됩니다.

혹시 보온병을 써 본 적 있나요? 보온병 속 물이 추운 겨울에도 따뜻하게 유지되는 비결은 바로 진공이에요. 보온병 안에는 내부를 진공으로 감싸는 공간이 숨겨져 있거든요. 열은 공기를 통해 전달되기 때문에 공기가 없는 상태에서는 온도가 무척 느리게 전해집니다. 그리고 우주복은 마치 진공 보온병처럼 사람이 있는 안쪽과 우주 공간을 나누고 있죠. 그래서 우주복 바깥의 추위와 더위가 우주복 안쪽의 사람에게는 천천히 전달되는 거예요.

그런데 우주비행사들은 우주복을 입기 전에 물 호스로 둘러싸인 냉각복을 입습니다. 차가운 우주 공간에서 몸을 식혀 주는 냉각복을 입는다니, 왠지 이상하죠? 앞서 말했듯 우주복이 진공 보온병 같은 역할을 하기 때문이에요. 바깥 온도가 내부로 쉽게 전달되지 못하듯이 사람이 몸에서 내뿜는 열기 역시 바깥으로 나가지 못하거든요. 좁은 우주복 안에 난로가 켜진 것처럼 열이 계속 쌓인다면 더워서 숨이 막힐 지경이겠죠? 그래서 극한의 우주에서도 몸을 식혀 주는 냉각복이 필요한 거예요. 햇빛을 받아서 뜨거워질 때는 적당히 식혀 주는 역할도 하죠.

만약 우주복 없이 맨몸으로 우주 공간에 나가면 어떻게 될까요? 실제로 비슷한 일이 벌어진 적이 있습니다. 지상에 만들어 놓은 진공 실험실에서 훈련 중이던 우주비행사의 우주복이 실수로 찢어진 거예요. 그 일 이후로 혹시 모를 사고를 예방하기 위해 생명체가 우주에 맨몸으로 노출되면 어떤 일이 생기는지 여러 실험을 했답니다.

우주 공간에 맨몸으로 노출되면 이렇게 됩니다. 먼저 10~15초 정도는 의식을 유지할 수 있지만, 곧 기절해 버리고 30~60초 사이에는 심장 박동이 급격히 느려져요. 최대 90초간 생명을 유지할 수 있지만, 응급조치를 받지 못하면 사망할 가능성이 크다고 하네요. 대체로 60초간 진공에 노출되면 생명에 큰 위협을 받는다고 보면 됩니다.

이게 전부가 아니에요. 햇빛에 직접 노출된 피부는 화상을 입고, 공기를 재빨리 내뿜지 않으면 폐가 부풀어 올라서 심한 손상을 입게 됩니다. 가장 치명적인 사실은 우주에서 홀로 사고를 당하면 누군가의 도움을 받기 어렵다는 점이죠. 설령 짝을 이뤘더라도 우주복이 손상되어 공기가 빠르게 새어나가면 동료가 도와줄 시간이 별로 없습니다.

여러 위험을 막아 주는 우주복, 이 정도면 우주로 나갈 때 필수 아이템이라고 할 수 있겠죠? 그렇다면 이 소중한 우주복의 가격은 얼마 정도일까요? 우주복은 두 종류인데요, 우주선 안에서만 입는 우주복은 가격이 한 벌에 1억

1965년
알렉세이레오노프
헉헉! 갑자기
우주복이
부풀줄이야.
하마터면
죽을 뻔했네!
CCCP
낮은 기압!
영상
120도
더
워!
추…추워
미친 듯한
기온차!
영하
150도
피부화상
90초 쯤
살았다
NO
공기!
이산화
탄소중독
도움 X
112
비? 어디시라고요?
우주요? 장난하냐!
폐손상
하지만 이옷을 구입하시면
당신도 우주에서 안전합니다!
이참에 하나 장만하시죠!
요거 단돈 150억!
이거면 당신도
우주패션리더!
지금 패션이
문제가 아닌 것
같은데?

원이 넘습니다. 우주선에 문제가 생겼을 때 잠깐 사람을 보호해 주는 역할을 하는 옷이지요. 이 옷도 엄청난 가격인데 우주 유영을 할 때 입는 커다란 우주복은 훨씬 비쌉니다. 한 벌에 무려 150~170억 원이나 된다고 하네요. 그것도 열 번 정도밖에 입지 못하는 옷인데 말이죠.

우주복이 비싼 이유는 개발하는 데 아주 많은 비용이 필요하기 때문입니다. 극한의 우주 환경에서 입을 옷을 만들기 위해서는 여러 실험을 거쳐야 하니 제작비뿐 아니라 개발비까지 합치면 가격이 비쌀 수밖에 없죠. 앞으로 우주에 많은 사람이 가게 되면 값이 조금 낮아질까요?

지구 밖에서 태어난 아이의 운명

어른들만 사는 외딴곳에서 홀로 자라온 아이가 있었어요. 한창 뛰어놀아야 할 시절에 또래 친구들과 어울리지 못했으니 얼마나 외로웠을까요? 그러던 어느 날, 채팅으로 머나먼 곳의 어떤 친구를 사귀게 되었습니다. 서로 만날 수는 없지만, 화면을 통해서 이야기하며 둘은 가까워졌어요. 친구를 만나고 싶던 아이는 어른들을 설득해서 어렵게 친구가 있는 곳으로 갈 수 있었어요. 그런데 그 세계는 자신이 태어난 고향과는 너무나 다른 환경이었습니다. 걷는 것조차 힘들 정도로 몸이 무거워졌고, 온통 환한 빛으로 가득 차서 선글라스 없이는 눈을 뜰 수 없을 정도였죠.

이것은 〈스페이스 비트윈 어스〉*라는 영화 이야기입니다. 주인공이 태어난 곳은 지구가 아닌, 바로 화성이에요. 화성은 중력이 지구의 3분의 1에 불과한 곳이랍니다. 그런 화성에서 태어나고 자란 아이는 지구에 사는 친구와는 다른 신체를 지녔겠죠?

* 〈스페이스 비트윈 어스〉 화성에서 태어난 소년이 지구인 소녀와 친구가 되면서 벌어지는 이야기를 담은 영화.

다시 영화 속으로 돌아가 보겠습니다. 드디어 친구를 만나서 잠시나마 평범한 지구 생활을 접할 수 있었던 아이는 곧 크나큰 난관을 겪습니다. 중력이 강한 지구에서 살아가기 위해 허약한 뼈를 지탱하는 수술까지 받았지만, 심장이 견뎌내질 못했거든요. 의사들은 더 이상 지구에 있다가는 죽을 거라고 알려줍니다. 그렇게 꿈꿔 왔던 지구를 뒤로하고 아이는 다시 화성으로 돌아가 살아가게 되었답니다.

아직까지 지구를 떠나 무중력 우주에서 태어난 아이는 없습니다. 아니, 우주에서 태어난 동물 자체가 없어요. 우주 공간에서 동물이 임신할 수 있는지 과학자들도 여러 실험을 해 봤지만, 결과가 별로 좋지 못했거든요. 사람은 태아일 때 몸을 지탱하는 뼈가 만들어집니다. 그런데 무중력에서는 골격이 제대로 갖춰지지 않거나, 뼈가 허약해질 수 있어요. 심지어 태아의 뼈가 기형으로 자랄 수 있다는 우려도 있습니다. 어른도 무중력에서 오래 생활하면 근육이 줄어들고, 뼈가 약해지기 마련이니 더 연약한 태아는 말할 나위가 없겠죠.

만약 중력이 없거나 약한 곳에서 아이가 태어나면 몸이 허약한 것 외에 또 다른 문제가 생길지도 모릅니다. 키가 제대로 자라지 않거나, 균형 감각을 잃어버릴 수도 있죠. 인간은 지구라는 별에서 태어나고 자라도록 진화해 온 생명체이기 때문이죠. 중력이 사라진 세상에서 커나갈 아이가 어떻게 될지는 누구도 모르는 일이에요. 그런 점에서 〈스페이스 비트윈 어스〉는 미래에 다른 별에서 태어날 아이들의 운명을 예견한 색다른 영화였습니다.

모든 생명은 후손을 남기려는 본능을 지녔습니다. 앞으로 우주 개발이 활발하게 이루어지면 많은 사람이 우주 곳곳으로 나갈 거예요. 그중에는 아이를 낳으려는 사람들도 있겠죠. 언젠가 의학이 훨씬 발달하면 우주에서도 출산이 가능해질지 모릅니다.

우리가 지금 익숙하게 느끼는 인류의 생김새는 지구에 적합한 모습이죠. 그렇다면 무중력 우주 공간이나, 중력이 낮은 별에서 태어난 아이들은 과연 어떤 모습일까요? 혹시 지구에서 뛰놀며 자라난 우리와는 다른 모습은 아닐까요? 생명은 정말 놀라운 존재이기에 처음엔 어려움을 겪겠지만 차츰 진화를 거쳐 낯선 환경에 적응할 수 있을 거예요. 오랜 세대를 거쳐 적응하면 아예 다른 모습을 갖게 될지도 모른답니다.

아마도 화성인에게 맞는 외모는 우리와 다를 거예요. 하지만 그 생김새가 화성에서는 가장 적절한 모습이겠죠? 앞으로 우리가 넓은 우주를 알아갈수록 우리의 시선과 사고도 넓어질 것이고, 넓어져야 할 것입니다. 만약 수백 년 뒤 여러 별에서 각자 진화한 인류가 한자리에 모였을 때 생김새를 갖고 놀린다면 분명 원시인 취급을 받을 거예요.

아까 이야기했던 영화 속 이야기를 마저 해 볼까요? 우주에서 태어났다는 이유만으로 다시 화성에 돌아가서 평생 살아야 했던 아이는 커다란 절망을 느꼈을 겁니다. 그런데 어느 날, 뜻밖에도 지구에서 손님이 찾아왔어요. 영화에서

300년 후 어느 기업 입사
면접 시간

는 우주를 뛰어넘는 우정을 확인할 수 있는데요, 어쩌면 미래에 실제로 비슷한 일이 일어날 수도 있지 않을까요?

차라리 로봇을 보내는 게 낫지 않을까?

머나먼 외계 행성에 홀로 남겨진 우주 탐사대원을 상상해 보세요. 처음에는 석 달 동안만 탐사할 예정이었는데, 지구로부터 계속 탐사를 하라는 연락을 받습니다. 아직 남은 물자도 충분해서 그러려니 하고 묵묵히 임무를 수행하죠. 그렇게 몇 달이 몇 년이 되고, 계속 시간은 흘러 15년이 지났습니다. 이제는 지구로부터의 연락도, 움직일 기력도 없고, 우주복은 온통 먼지투성이가 되어서 알아볼 수 없을 지경이에요. 그렇게 누군가를 기다리며 쓸쓸히 모래에 파묻혀 생을 마감한다고 생각하면 가슴이 뭉클해집니다.

이런 이야기의 주인공이 사람이면 당연히 불쌍하단 생각이 들겠지만, 만약 로봇이라면 어떨까요? 2019년 2월 14일에 실제로 있었던 일이랍니다. 연인들이 설레는 맘으로 초콜릿을 건네주는 밸런타인데이에 화성에 남겨진 오퍼튜니티 탐사 로봇의 활동이 종료되었습니다.

이 로봇은 2003년 7월에 지구를 떠나서 반년 만에 화성에 도착한 뒤 90일 동안 탐사를 할 예정이었죠. 그런데 생각보다 너무 쌩쌩했던 거예요. 과학자들은 좀 더 화성을 탐사할 기회라 여기고 오퍼튜니티의 작동이 멈출 때까지 탐사를 이어가기로 했습니다. 우직한 탐사 로봇은 화성의 모래 폭풍과 추위를 견디면서 자갈밭을 무려 45km나 질주했답니다. 처음에는 몇백 미터만 움직일 예정이었는데, 마라톤을 완주한 셈이지요.

만약 사람이 그 역할을 대신했더라면 어땠을까요? 연약한 인간의 육체로는 외계 행성에서 조금만 위험에 처해도 살아남기 어려울 겁니다. 영화 〈마션〉*처럼 역경을 이겨내고 살아남는 건 거의 불가능에 가깝다고 봐야겠죠. 오퍼튜니티는 로봇이니까 버텨 낼 수 있었습니다.

* **〈마션〉** 화성에 홀로 남겨진 지구인이 살아남기 위해 노력하는 과정을 그린 이야기.

사실 오퍼튜니티는 임무 중단 몇 개월 전에 이미 통신이 끊겼다고 해요. 아마도 화성의 외딴 모래밭 어딘가에서 먼지를 뒤집어쓴 채 전력 부족으로 꺼져 가고 있었을 겁니다. 그동안 불사조처럼 살아난 경험이 있어서 이번에도 다시 움직이길 기대하는 사람들도 있었어요. 그만큼 오퍼튜니티는 오랜 활약으로 많은 사람에게 감동을 줬답니다.

어서와!
화성은 처음이지?
밤새 달렸지
화성을~
니가 지구에
있을때~예이에~
오퍼튜니티
덜컹~
덜컹~
거의 혼자 놀기의
달인이 되었네.
그러니
인간이 갔으면
얼마나 외로웠겠어.

사람이 우주로 가려면 많은 물자가 필요합니다. 식량, 물, 공기, 보급품까지 모든 것을 챙겨 가야 하는데요, 대부분 우주에서 구할 수가 없기 때문에 오래 머무르려면 지구로부터 계속 전달받아야 해요. 화성까지 직접 가서 탐사하려면 오가는 데에만 무려 3년 정도 걸리는데, 그동안 필요한 물자는 상상만 해도 엄청나겠죠?

달 탐사 직후, 유인 화성 탐사를 하려던 계획이 취소되면서 안전하고 비용이 적게 드는 로봇 탐사가 본격적으로 시작되었습니다. 이제는 1톤 남짓한 무게의 탐사 로봇이 원자력 에너지를 이용해서 움직이며 몇 년간 화성에서 다양한 과학 탐사를 하죠. 로봇의 성능이 좋아지면서 굳이 사람을 보내야만 할 수 있는 과학 실험은 별로 없어 보였습니다.

어떤 과학자는 이렇게 말했습니다. "사람을 화성에 보내는 돈으로 무인 탐사선을 보낸다면 태양계 모든 행성과 위성, 소행성까지 구석구석 탐사할 수 있을 것이다." 한마디로 사람을 우주로 보내는 데는 비용이 너무 많이 들고, 가 봤자 별다른 탐사를 할 수 없을 거란 의견이에요. 무인 탐사선과 로봇의 성능이 점점 좋아져서 이제는 사람 손처럼 암석을 들어 올릴 수 있고, 흙 속에 미생물이 존재하는지도 연구할 수 있답니다. 인공지능이 더욱 발전하면 지구의 명령 없이도 스스로 탐사할 수 있는 로봇까지 등장하겠죠?

무인 탐사선과 로봇은 먼 우주로 갈수록 더욱 유용합니다. 화성 다음으로 유력한 탐사 대상인 목성과 토성의 위성들은 방사선이 심해서 사람에겐 위험한 곳입니다. 거대 행성에서 많은 방사선이 끊임없이 나오고 있거든요. 게다가 먼 우주까지 항해하려면 몇 년 이상 걸리는데, 로봇에게는 식량 같은 물자도 필요 없으니 훨씬 저렴하고, 사람이 죽을 위험도 없죠.

이야기를 듣다 보니 로봇이야말로 우주에서 활약할 주인공이 아닐까 싶은 생각이 드나요? 그렇다면 히말라야를 등반할 때 사람이 직접 가지 않고 로봇을 대신 보내면 어떨까요? 로봇이 산 정상 풍경을 보여 주니까 추위를 견디지 않고도 편하게 앉아 많은 것을 알 수 있겠죠. 무인 우주 탐사도 마찬가지랍니다. 로봇을 보내서 알아낸 것만으로도 우리는 우주에 대한 호기심을 어느 정도 해소할 수 있을 거예요.

그러나 사람이 직접 우주로 가는 것은 인류가 가진 무언가를 자극하는 매우 상징적인 행위랍니다. 험준한 히말라야의 꼭대기에 올랐을 때 느끼는 벅찬 감정까지 로봇이 대신 전해 줄 수는 없으니까요. 인류는 때로 전혀 생산적이지 못한 스포츠 경기에 열광합니다. 예를 들면 월드컵이나 프로야구 같은 이벤트를 보면서 즐거워하고 삶의 의미를 느끼기도 해요. 인간은 효율성과 필요만을 쫓는 존재가 아닌 것이죠. 살아있는 인간이기에 한계에 도전하고, 새로운 목표를 이룰 것을 꿈꾸며, 이런 행동에 의미를 부여합니다.

이번에는 여행을 떠올려 볼까요? 여행은 사람이 직접 가서 새로운 것을 체험하는 즐거운 일이죠. 두 눈에 여행지의 풍경을 담아 와 오래 기억하기도 하고요. 그런데 로봇을 대신 여행 보내서 사진 찍고, 음식을 맛보라고 하면 의미가 있을까요? 우리가 우주로 나가는 것도 어쩌면 여행을 떠나는 일과 비슷할 거예요.

앞으로도 우주 개발을 해 나가면서 사람이 갈 수 있는 곳이라면 직접 가려고 할 겁니다. 결국 우주 개발의 꿈을 품은 건 우리 인간이니까요. 직접 가기 어려운 곳은 어쩔 수 없이 무인 탐사선과 로봇을 보내겠지만, 효율만 따져서 로봇이 사람을 완전히 대체하는 날은 오지 않을 거예요.

어떤 사람이 우주비행사가 될까?

우주 비행은 어떤 사람이 할 수 있을까요? 우주비행사가 되려면 높은 경쟁률의 시험을 통과해야 해요. 지금까지 우주로 갔던 우주비행사들은 어떻게 선발되었는지 알아볼게요.

최초로 우주에 갔던 유리 가가린은 20명의 소련 우주비행사 후보 중에서 뛰어난 능력을 보였습니다. 첫 우주비행에 누가 나설지 후보자들끼리 투표를 했더니 대부분 가가린을 뽑았을 정도로 친화력도 좋았어요. 그런데 마지막까지 다른 한 명의 동료와 경쟁하다가 호감이 드는 인상 때문에 가가린이 선발되었다고 합니다. 정치 선전을 위해서 외모를 따졌던 것이지요.

가가린에게 첫 영광을 내주고 다음 차례로 우주에 갔던 동료 우주비행사는 게르만 티토프입니다. 사실 가가린은 자동으로 조종되는 우주선에 그냥 앉아만 있었어요. 이륙하고 지구를 한 바퀴 돈 다음에 내려올 때까지 108분 동안 그저 작은 전망창 바깥으로 보이는 풍경을 감상했죠. 반면에 티토프는 우주선을 직접 조종해서 지구를 17바퀴나 돌았답니다.

우주에 나가면 무중력 때문에 멀미를 겪게 된다고 했었죠? 티토프는 우주에서 구토를 했던 첫 번째 사람입니다. 또 당시 25살이란 나이로 최연소 우주비행사가 되었죠.

가가린의 키는 157cm였습니다. 우주선 내부가 너무 비좁아서 작은 키의 사람이 유리했던 거예요. 티토프도 비교적 키가 작았습니다. 그 무렵 소련과 미국의 우주선에는 키 제한이 있어서 너무 큰 사람은 탈 수가 없었답니다. 지금 미국 우주비행사 선발 기준에도 여전히 키 제한이 있습니다. 우주선 조종사의 키는 158~188cm, 나머지 대원은 149~193cm 사이여야 하죠. 그래도 우주선이 커지면서 예전보다는 꽤 큰 사람까지 탈 수 있게 되었어요.

우주비행사는 엄격한 신체검사를 거쳐서 선발됩니다. 혈압은 90~140 사이여야 하고 체력이 좋아야 해요. 오래전에는 안경을 쓰면 우주비행사가 될 수 없었지만, 이제는 눈이 아주 나쁘지만 않으면 안경을 써도 됩니다.

그리고 지능 검사를 받는데요, 우리가 흔히 알고 있는 아이큐 테스트와 조금 다릅니다. 공간을 인식하는 능력과 논리적인 추론 능력이 중요하기 때문이죠. 우주에서는 위와 아래가 분명하지 않고, 돌발 상황에도 침착히 문제를 해결해야 하거든요.

이밖에 성격도 살펴봅니다. 어떤 상황에서도 집중할 수 있는 침착성, 고난을 이겨 낼 끈기, 팀원과 화합할 수 있는 친화력까지 모두 따지죠. 우주라는 극한 공간에서 무사히 지내려면 몸뿐만 아니라 정신 건강도 중요하니까요.

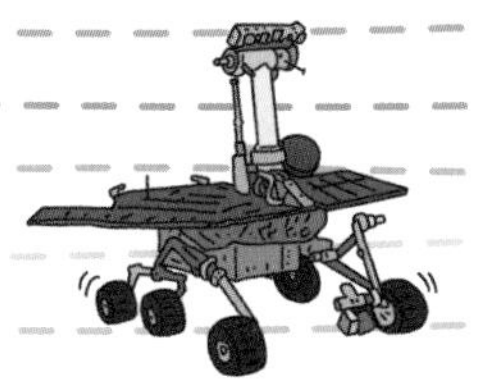

우주비행사의 나이 제한은 없어졌습니다. 미국 최초의 우주비행사였던 존 글렌은 77세의 나이에 다시 우주로 갈 수 있었죠. 물론 노인이었어도 건강했으니까 가능한 일이었답니다. 요즘은 첫 우주비행에 나설 때 30대 후반인 경우가 많습니다. 아무래도 경험이 많고, 전문 지식을 갖춘 사람들을 뽑다 보니 그렇게 되었어요.

마지막으로 여성 우주비행사에 관해서 알아볼게요. 최초로 우주에 갔던 여성은 소련의 발렌티나 테레시코바입니다. 공산주의 국가였던 소련은 정치적 영웅을 만들기 위해서 공장노동자 출신의 테레시코바를 우주인으로 선발했습니다. 우주로 갔을 때 나이가 26살이라서 최연소 여성 우주비행사이기도 합니다.

지금까지 우주에 갔던 여성은 고작 64명입니다. 우주에 나갔던 우주비행사가 총 560여 명이니까, 아홉 명 중에서 한 사람에 불과한 셈이죠. 소련은 최초의 여성 우주비행사를 배출했지만, 세계 첫 여성 우주인이라는 타이틀을 거머쥔 이후에는 여성에게 별로 기회를 주지 않았어요. 미국은 1980년대가 되어서야 뒤늦게 여성을 보냈지만 오히려 꾸준히 기회를 줘서 전체 여성 우주비행사의 80%가 미국인이랍니다.

미국 우주비행사 중에서 가장 오래 우주에 머물렀던 페기 윗슨도 여성이에요. 윗슨은 여러 번의 우주 비행으로 총 665일간 우주에 머물렀고, 국제우주정거장의 사령관이 되기도 했답니다.

예전에는 여성의 신체적 약점을 이유로 들면서 우주 비행을 막으려는 움직임까지 있었습니다. 아까 말했던 존 글렌은 미국 최초로 우주에 다녀왔기 때문에 영향력이 컸는데요, 의회에서 여성의 우주 비행을 반대하는 연설까지 했었답니다. 물론 개인 의견이라기보다는 NASA 전체의 보수적인 입장을 대변했을 거예요. 훗날 글렌이 미국 국회의 상원의원이 된 이후에는 의견을 바꿔서 여성의 우주 비행을 후원했습니다.

우주로 나가는 여성은 꾸준히 늘어나고 있어요. 그러나 최근까지도 사이즈가 맞는 우주복이 부족해서 여성 우주비행사의 우주 유영이 취소된 일이 있었습니다. 지금까지 우주비행사의 표준이 남성에게만 맞춰져 있었기에 일어난 일이었죠.

우리나라도 최초의 기록이 있답니다. 우리나라는 자국의 첫 우주비행사로 여성을 보낸 최초의 국가입니다. 2008년에 국제우주정거장에 다녀온 이소연 박사가 그 주인공이죠. 지금까지 다른 모든 국가는 남성을 먼저 우

주로 보냈어요.

우주비행사가 될 수 있는 범위는 점점 확대되어 왔습니다. 기술과 사회적 인식이 개선되면서 키, 나이, 신체조건, 성별에 구애받지 않게 된 것처럼 곧 일반인에게도 기회가 생길 거예요. 몇 년 내로 우주여행이 시작되면 성별과 피부색을 가리지 않고 다양한 사람들이 우주에 다녀올 수 있을 것입니다. 물론 예전만큼은 아니어도 간단한 신체검사는 통과해야겠죠?

3장
우주 시대의 새로운 주인공은 누구일까요?

우주 시대를 여는 뉴페이스들

미국에는 아름다운 자연을 만끽할 수 있는 옐로스톤 국립공원이라는 곳이 있습니다. 오래전에 그곳에서 벌어졌던 재밌는 일화를 하나 소개해 볼게요. 옐로스톤에는 다양한 생물이 살고 있었는데요, 그중 먹이사슬의 가장 위쪽을 차지하고 있던 늑대는 무리 지어 다니며 초식 동물을 잡아먹었습니다. 그러다 근처 농가의 가축까지 위협하면서 피해를 입은 농부들이 대대적인 사냥을 시작했어요. 결국 1930년대부터는 늑대가 거의 자취를 감추었답니다.

그 뒤로 옐로스톤에 큰 변화가 생겼습니다. 유일한 포식자였던 늑대가 사라지자, 사슴이 엄청나게 번식한 거예요. 사슴 떼가 풀과 작은 나무를 마구 뜯어 먹으면서 주변 생태계는 날로 황폐해졌습니다. 풀숲에 살던 작은 동물과 곤충이 사라졌고, 그것들을 잡아먹던 새들도 떠나가 버렸죠. 울

창했던 숲은 점점 줄어들었고, 물고기도 자취를 감췄어요.

1990년대가 돼서야 학자들은 무너진 생태계를 되살리기 위해서 늑대를 풀어놓자고 주장했습니다. 이윽고 늑대가 돌아오자 옐로스톤에는 놀라운 일이 벌어졌답니다. 사슴이 늑대를 피해 숨어 다니면서 다시 숲이 되살아난 거예요. 수풀이 무성해지자 작은 동물이 많아졌고, 새와 물고기도 돌아왔습니다. 심지어 흐르는 물까지 깨끗해졌다고 하네요.

옐로스톤 이야기로 생존 경쟁이 때로는 조화로운 생태계를 유지하는 데 중요한 역할을 한다는 걸 알 수 있어요. 그런데 이와 비슷한 일이 우주 개발에서도 있었답니다. 어떤 일이 있었던 걸까요?

미국과 소련이 치열하게 경쟁했던 이야기는 앞서 다루었지요? 인류의 우주 개발은 초반에는 정말 빠른 속도로 이루어졌습니다. 하지만 아폴로 달 탐사 이후로는 왠지 점점 활력을 잃었고, 이전만큼 눈에 띄는 결과도 없어 보였어요. 기술이 발달할수록 더 쉽게 우주로 갈 것만 같았는데 로켓의 발사 횟수는 나날이 줄어들었죠. 우주 개발에 쓰는 돈이 감소한 것은 아니었어요. 오히려 NASA나 각국의 발표를 보면 예산은 매년 늘어나는 추세였거든요. 기술은 더욱 진보했을 테고, 여전히 많은 돈을 쓰는데 왜 그랬을까요?

우주 개발은 큰 비용과 많은 기술자가 필요해서 민간 기업이 혼자 나서긴 어려운 분야입니다. 주로 각국 정부가 이끌고 있죠. 아마 많은 친구들이 인류의 우주 개발을 주도하고 있는 NASA에서 우주선과 로켓을 만들 거라고 생각할 거예요. 그런데 실제로는 직접 만들지 않습니다. 계획이 세워지면 만드는 건 정부가 정한 업체에서 하거든요.

아폴로가 달에 갔을 무렵에는 미국에 크고 작은 우주 기업이 열 곳 정도 있었습니다. 그런데 기업들이 하나 둘 합쳐지더니 나중에는 소수만 남게 되었죠. 기업 수가 적어져 경쟁자가 줄어들자, 업체들은 경쟁을 멈추고 손을 잡기 시작했어요. 기업들이 짠 것처럼 로켓을 만드는 비용을 올리자 새로운 우주선을 개발하는 데에 예전보다 많은 개발비가 들어갔죠. 그럼에도 이 비용을 정부에서 내줬기 때문에 개발이 늦어질수록 회사가 챙기는 이익이 늘어나는 이상한 결과가 나타났어요. 감독을 해야 할 정부 기관도 "좋은 게 좋은 거지"라며 지켜만 볼 뿐, 문제 삼지 않는 분위기였습니다.

결국 오랫동안 정부와 밀착했던 기업만 성장하면서 영향력이 커졌어요. NASA는 관료주의*에 물들었고, 기업은 이

익만 추구하니 서로 이해관계가 맞아떨어진 셈이었죠. 그 많은 돈은 국민이 낸 세금이었지만 아무도 책임지지 않았습니다. 우주 개발이라는 그럴듯한 명분은 돈벌이와 일자리를 지키기 위한 수단으로 전락하고 말았죠. 경쟁과 혁신이라는 자연스러운 기업 생태계가 무너진 거예요.

✸ **관료주의** 기관의 전문가들이 책임감 없이 무비판적으로 일하는 상태를 이르는 말.

21세기가 시작되자 드디어 변화가 생겼습니다. 다른 분야의 사업가들이 우주 개발에 참여했거든요. 세계 최고의 갑부라는 아마존닷컴의 제프 베조스, 혁신의 대명사가 되어버린 스페이스X의 일론 머스크 같은 사람들이지요. 제프 베조스는 2000년에 블루 오리진이라는 이름의 회사를, 일론 머스크는 2002년에 스페이스X를 세웠어요. 두 회사 모두 국가의 지원 없이 민간에서 세운 우주 항공 기업입니다. 우주 개발 무대에 뉴페이스가 등장한 것이죠.

이들은 경쟁이 치열한 정보통신 업계에서 살아남은 경험을 바탕으로 경쟁이 사라진 우주 개발 분야에 변화를 일으켰습니다. 우주선 발사 비용을 획기적으로 줄이기도 하고, 여러 번 사용이 가능한 로켓을 개발하거나 우주 여행 상품을 개발하는 등 다양한 시도를 했어요.

새로운 경쟁이 시작되면서 그동안 우주 개발 시장을 쥐

고 있던 기업들은 궁지에 몰렸답니다. 똑같은 로켓을 훨씬 저렴하게 생산하는 경쟁자를 이길 재간이 없으니까요. 그렇다고 다시 경쟁력을 갖추자니 이미 느슨하게 경영해 온 습관을 쉽사리 버리기도 어려웠습니다.

정부와 손을 잡았던 기업들은 아직 남아 있는 영향력을 이용해서 후발 주자들이 일감을 얻지 못하도록 방해하기도 했습니다. 그러나 시대의 흐름을 막을 수는 없었지요. 이제는 미국을 비롯한 세계 각국이 새로운 민간 기업에게 더 많은 기회를 주면서 값싸고 효율 좋은 로켓을 개발하려는 추세랍니다. 이런 흐름을 '뉴스페이스'라고 합니다.

앞서 나왔던 옐로스톤의 이야기와 우주 개발 이야기에서 비슷한 점을 찾았나요? 늑대가 사라지자 옐로스톤 생태계 전체가 무너졌던 것처럼 우주 개발 생태계도 기업 간의 경쟁이 사라지자 남은 기업들의 나태함으로 점점 생기를 잃어 갔어요. 그러나 새로운 경쟁자들이 등장하면서 다시 활력을 찾을 수 있었습니다. 강물도 계속해서 새로운 물이 흘러야 썩지 않겠죠? 우주 개발 생태계도 새로운 흐름이 계속되어야 건강하게 유지될 수 있을 거예요.

우주 개발에는 누구도 예상치 못했던 신흥 강자가 등장

냉전 시대가 끝나자
소련
VS
미국
으르렁~

쉬엄쉬엄 하자고
좋은 게 좋은 거지
일을 하겠다는 거냐? 말겠다는 거냐?
NASA
우주 개발의 침체기가 왔다

심각한데 이거… 쟤들 돈은 많이 드는데 성과가 너무 없잖아!
우~씨~
그런 건 저희가 좀 잘 할 수 있는데!

여! 잘 부탁해!
자, 인사들 해. 앞으로 우주 개발을 함께할 뉴페이스들 이라고!
어머나…
일론 머스크
제프 베조스

해 새로운 흐름을 열었어요. 그럼 앞으로 또 새로운 흐름을 만들 사람은 누구일까요? 어쩌면 우주를 꿈꾸는 여러분도 우주 시대를 열어갈 개척자가 될 수도 있지 않을까요?

다시 시작된 제2의 달 경쟁

2019년 1월 3일, 지구에서 보이지 않는 달 뒷면에 중국의 탐사선 창어 4호가 착륙했습니다. 그동안 달의 뒤쪽은 통신이 닿지 않기 때문에 가기가 어려웠어요. 그러다 이번에 중국에서 처음으로 착륙에 성공한 것이죠. 이어서 4월에는 이스라엘의 베레시트 탐사선도 성공하지는 못했지만 달에 착륙을 시도했습니다. 앞으로 중국이 또다시 달 탐사선 창어 5호를 보낼 예정이고, 인도는 달로 찬드라얀 2호를 보낼 예정이에요.

달에 최초로 사람이 다녀온 뒤, 1976년 소련 탐사선 루나 24호를 끝으로 아무도 달 표면에 착륙하지 않았어요. 유럽연합, 일본, 중국, 인도가 탐사선을 보냈어도 달 주변을 맴돌기만 했죠. 긴 시간 방문자가 없던 달에 드디어 2013년, 창어 3호가 착륙하면서 중국이 세계 세 번째로 달 착륙에 성공한 나라가 되었습니다.

그동안 조용하던 달에 다시 여러 나라가 앞다투어 탐사선을 보내는 이유가 뭘까요?

인류가 처음 달에 갔던 데에는 정치적인 목적과 군사적인 이유가 컸어요. 달은 눈으로도 너무 잘 보이고, 사람들의 관심을 끌기 좋은 곳이기 때문이죠. 그러나 아무리 신기한 일이 벌어져도 같은 일이 계속 반복되면 처음만큼 놀랍지가 않겠죠? 달에 가는 일도 점점 홍보 효과가 없어졌습니다.

과학자들의 생각도 비슷했어요. 달에는 이미 다녀왔으니 다른 곳을 더 연구하고 싶었죠. 아직 가 본 적 없었던 금성과 화성, 목성 등에 탐사선을 보내자고 했죠. 그러면서 달은 자연스럽게 우리에게서 멀어져갔습니다.

오랜 세월이 흘러 선두주자였던 미국과 소련을 제외한 다른 나라들도 우주 개발에 뛰어들기 시작했습니다. 그렇다고 처음부터 미국보다 앞서서 먼 우주로 탐사선을 띄우기엔 기술이 부족했어요. 그때 제일 먼저 눈에 들어온 곳이 어디였을까요? 바로 달입니다. 이미 탐사를 성공한 적이 있기 때문에 실현 가능성이 높고, 아직 성공한 나라는 많지 않았거든요.

블루 오리진의
블루문
대기중
BLUE MOON
달여행도
계획중이라고!
앞으로 더 많이
찾아갈 거야. 기대해!
<이스라엘>
베레시트 탐사선
어? 요즘 나
왜이리 인기가 좋아?
비록 성공은
못했지만, 언젠가는…
<중국>
창어 4호
<인도>
찬드라얀 2호
나마스떼~
달착륙이라고
다 같은 게 아니야!
우린 뒷면이라고!
그 어렵다는 달의 뒷면!

미국과 소련 이후 유럽연합과 일본이 달 주변에 탐사선을 보내는 데 성공했습니다. 그리고 중국은 좀 더 적극적으로 나서고 있어요. 먼저 사람을 우주로 보냈고, 달 탐사선도 착륙시켰죠. 앞으로는 달에 사람을 보낼 준비까지 하고 있답니다. 인도나 이스라엘도 달에 탐사선을 보내고 있어요. 달에 가는 건 우주 기술력을 인정받을 수 있는 좋은 기회거든요.

참여하는 나라가 많아지면서 우주 개발은 점점 진화하고 있습니다. 통신망이 갖춰지지 않은 오지에서도 인터넷이 되도록 수만 대의 인공위성을 띄울 예정이고, 달 주변에 새로운 우주정거장을 건설해서 먼 우주에서도 사람이 살아남을 수 있도록 실험하려고 해요. 더 나아가면 달에 기지를 세우고, 화성에 식민지까지 건설할 수 있겠죠.

2023년에는 일본인 사업가 마에자와 유사쿠 씨가 스페이스X의 우주선을 타고 달 주위를 한 바퀴 돌고 오는 달 여행을 떠날 예정입니다. 첫 번째 달 여행의 주인공이 될 유사쿠 씨는 남은 좌석에 예술가를 몇 명 초대하겠다는 내용을 발표했죠. 개인에게도 엄청난 사건이겠지만, 이 여행을 제공하는 스페이스X에게도 기술력을 뽐낼 절호의 기회가 될 거예요. 달에 갈 수 있는 기회는 여러 나라뿐만 아니라 많은 민간인에게도 열리고 있는 것이죠.

아폴로 우주선의 달 착륙은 인류에게 큰 영향을 줬습니다. 어린 시절에 그 장면을 보고 감명을 받았던 세대가 지금 우주 개발을 이끌고 있지요. 전문가들은 이런 흐름이라면 늦어도 이십 년 뒤에는 사람이 화성에 내려설 것으로 예상하고 있습니다. 화성에 착륙한 인류를 보면서 우리는 또 어떤 꿈을 꾸게 될까요?

우주 개발, 다른 나라는 어떻게 하고 있을까?

우리가 접하는 우주 이야기는 대부분 미국, 또는 NASA에 관한 내용입니다. 그렇기 때문에 우주 개발을 미국만 하고 있는 듯한 느낌이 들기도 해요. 정말 미국이 우주를 독차지하고 있는 걸까요? 다른 나라들은 우주 개발에 어떻게 참여하고 있을까요?

우주 개발을 맡고 있는 각국 기관들의 한 해 예산을 보면 미국 NASA가 나머지 나라의 예산을 모두 합친 것보다 더 많은 비용을 쓰고 있어요. 이외에도 군대가 쓰는 우주 예산, 민간 기업들이 상업 목적으로 우주 개발에 투자하는 돈도 제일 많습니다. 이쯤 되니까 우주와 관련된 대부분의 소식이 미국에서 나오고 있는 거랍니다.

경제 규모가 큰 유럽연합과 일본도 예전부터 우주 개발을 해 왔어요. 미국과 함께 국제우주정거장 건설에 참여했고, 독자 로켓과 우주선까지 만들고 있답니다.

유럽연합의 우주 개발은 주로 프랑스와 독일이 주도하고 있어요. 유럽은 특히 기초 과학 연구에 많은 투자를 해 왔는데요, 우주 탄생의 기원이라든가 블랙홀과 같은 인류의 궁금증을 해결하는 데 큰 역할을 맡고 있어요. 유럽우주국*은 직접 혜성 탐사선을

> * **유럽우주국(ESA)** 1975년에 설립된 유럽우주기구 단체로 현재 유럽의 22개 나라가 소속되어 함께 우주 개발 프로젝트를 진행하고 있다.

국가별 우주 기구 예산(단위: 달러)

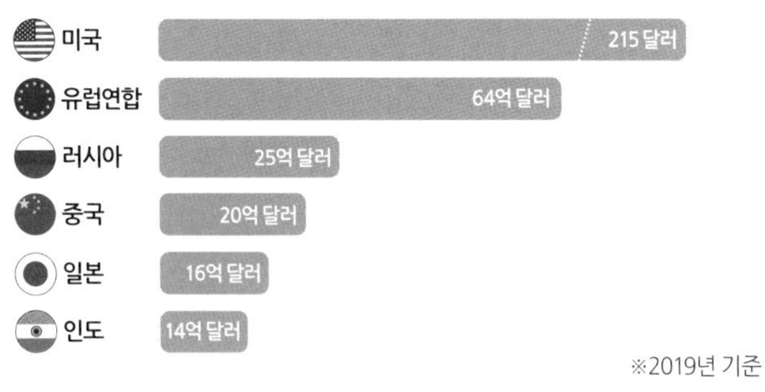

출처 | 각국 공식 발표 자료 및 Statista 자료(중국)

보내기도 했고 NASA의 허블 우주망원경 탐사에도 참여해서 많은 우주의 신비를 밝혀냈답니다.

일본도 국가적으로 우주 개발에 많은 관심을 기울이고 있어요. 일본의 하야부사 탐사선은 세계 최초로 소행성에서 샘플을 채취해 지구로 돌아오기도 했지요. 하야부사는 일본어로 '매'라는 뜻입니다. 엔진이 고장 나고 통신이 두절되는 우여곡절을 겪고서도 기적적으로 돌아와 많은 이들에게 감동을 주었죠. 최근에는 하야부사 2호가 또 다른 소행성을 탐사하고 지구로 돌아올 예정입니다.

한때 우주에서 미국과 경쟁했던 러시아는 냉전이 끝나고 경제가 어려워졌습니다. 그래도 한동안 미국에 이어 세계에서 두 번째로 많은 예산을 썼는데요, 계속 경제 사정이 나빠지는 바람에 들이는 노력이 예전만 못해졌어요. 결국 순위도 유럽에 밀려났고요. 다른 나라들은 매년 예산을 늘리는데, 러시아만 역주행하고 있거든요. 지금은 국제우주정거장으로 보내는 소유즈 우주선이 러시아의 것이지만 그 외에는 특별히 주목받지 못하고 있습니다.

우주 개발 예산을 비교하면 나라별로 얼마나 우주 개발에 노력을 쏟고 있는지 짐작할 수 있는데요, 중국과 인도는 조금 사정이 다릅니다. 우리가 숫자만 믿으면 안 되는 이유를 한번 살펴볼까요?

중국은 초강대국인 미국의 지위를 위협하는 유일한 나라예요. 이미 경제 규모가 미국의 3분의 2를 넘어섰고, 빠르면 10년 이내로 추월할 거라고 하네요. 그런데 중국은 우주 개발 예산이 정확히 얼마인지 공개하지 않고 있어요.

스태티스타라는 독일의 통계 조사 기관에서는 중국의 국가항천국 예산을 20억 달러로 발표했습니다. 국가항천국은 중국에서 세운 우주 기구예요. 미국의 NASA 같은 셈이죠. 이 예산만 비교했을 땐 미국이 중국보다 열 배 넘게 투자하고 있습니다.

하지만 OECD 자료에서는 또 다른 결과를 확인할 수 있어요. 우주 기구 외에도 기업과 군대의 예산까지 합치면 중국이 우주 개발에 투자한 금액이 84억 달러는 된다는 거죠. 미국의 예산보다는 적지만, 중국이 우주 개발에 많은 투자를 하고 있는 것은 확실해요.

2018년에 전 세계에서 발사된 로켓은 모두 112대였는데요, 중국이 그중 38대를 쏴서 그해 로켓을 가장 많이 발사한 나라가 되었습니다. 로켓을 많이 쏜다는 이야기는 그만큼 우주 개발 규모가 크다는 뜻이에요. 금액으로 따지면 미국이 중국보다 월등하게 많이 투자하고 있는데, 어째서 로켓은 중국이 더 많이 쏘아 올렸을까요?

중국은 미국에 비해서 인건비와 생산비가 저렴한 나라입니다. 비슷한 물건도 미국에서 만든 것과 중국에서 만든 것은 가격 차이가 크게 나죠. 우주 개발에 필요한 로켓과 우주선도 마찬가지예요. 미국 로켓은 엄청나게 비싼 가격으로 유명합니다. 저렴한 다른 나라 로켓을 수입해서 쓰면 좋겠지만, 우주 기술과 관련된 것들은 나라끼리 쉽게 사고팔 수 있는 물건이 아니랍니다.

반면에 중국은 비슷한 로켓과 우주선을 보다 싸게 만들 수 있어서 같은 금액으로도 더 많은 것을 할 수 있습니다. 처음에는 중국에서 만들면 성능이 나쁠 거라며 다들 비웃었지만, 미국이 했던 모든 것을 하나씩 따라잡고 있어요.

국제우주정거장은 17개국이 함께 건설한 인류 화합의 상징이에요. 그런 우주정거장에 끼지 못한 나라가 있습니다. 바로 중국이에요. 우주 개발 기술을 배워갈까 걱정이 되었던 미국이 중국의 참가를 반대한 것이죠. 우주 개발의 선두주자로서 떠오르는 신흥 강자를 견제한 거예요.

중국은 미국의 방해에도 아랑곳하지 않고 천천히 우주 기술을 발전시켜 왔습니다. 미국의 도움을 받을 수 없으니 자력으로 기술을 개발했죠. 그런 노력 덕분에 세계에서 세

번째로 달에 탐사선을 착륙시켰고, 이제는 자신들만의 우주정거장까지 건설하고 있어요. 앞으로 달이나 화성에도 사람을 보낼 예정이지요. 오래전에 미국과 소련의 우주 경쟁이 달 착륙을 앞당겼던 것처럼, 중국이 미국의 강력한 라이벌로 등장하면서 인류의 과학기술은 다시 빠르게 발전하고 있답니다.

우주 개발의 유망주로 떠오르는 인도에는 특별한 것이 있습니다. 바로 13억 9천만 명이나 되는 엄청난 인구예요. 우주 개발은 로켓에 들어가는 나사 하나하나를 직접 조여야 할 정도로 사람 손이 많이 가는 분야라서 인건비 비중이 굉장히 높아요. 그런데 미국 기술자 한 사람의 인건비로 인도에서는 여덟 명의 기술자를 고용할 수 있다고 합니다. 그래서 인도의 우주 예산은 적어 보이지만, 기술자 인원은 미국과 거의 같답니다. 유럽이나 일본보다는 몇 배나 많아요.

인도는 오랜 우주 강국인 일본을 거의 따라잡고 있어요. 1998년에 일본의 노조미 탐사선은 화성으로 가려다가 실패했지만, 2014년에 인도의 망갈리안 탐사선은 화성 탐사에 성공해서 전 세계를 놀라게 만들었지요. 망갈리안은 다른 나라에 비해 10분의 1도 안 되는 비용으로 개발한 탐

인도
ISRO
인건비가 싼 덕에
우리는 기술자가 많지!
일본
JAXA
질 수
없다!
응? 한국은
아직 안 오나?
오고 있는 거지?
나는 좀 쉬엄쉬엄 갈게~
전처럼 못 뛰어.
러시아
ROSCOSMOS
헉헉
헛둘~
헛둘~
유럽연합
ESA
헉!
어느새?
미국
NASA
흥! 협조 안 해 주면
우리가 못 할 줄 알고?
예산은 비밀이지롱~
중국
국가항천국

사선이었거든요. 다른 선두주자들만큼 성능이 뛰어난 것은 아니지만 머나먼 화성까지 무사히 도착할 수 있었답니다.

그동안 우주 개발은 강대국 미국을 중심으로 유럽과 일본이 함께 참여하는 정도로 보였어요. 하지만 우리가 모르는 사이에 중국이나 인도 같은 새로운 우주 강국도 속속 나타나고 있습니다.

미국은 2024년까지 무슨 일이 있어도 다시 사람을 달로 보내서 달 남극에 기지를 건설하려고 해요. 이토록 미국이 다시 달 탐사에 서두르는 이유는 바로 중국 때문이랍니다. 중국이 2029년까지 달 남극에 사람을 보내서 기지를 건설하겠다고 발표했거든요.

인류는 다시 새로운 우주 경쟁의 시대를 맞이하게 되었어요. 지금까지 우리는 다른 나라들의 멋진 우주 개발을 바라만 보던 구경꾼이었을지도 몰라요. 앞으로 우리나라도 그런 우주 개발에 참여할 수 있겠죠?

본격적으로 시작된 대한민국의 우주 개발

"쿠드드드드."

2018년 11월, 남해안 외딴곳에서 요란한 굉음을 내며 하얀 로켓이 힘차게 날아올랐어요. 바로 '누리호 시험발사체'였답니다. 대한민국이 만든 첫 번째 로켓이 우주로 나가는 순간이었어요.

우리나라는 비교적 늦게 우주 개발에 뛰어들었습니다. 우리가 우주 개발의 주인공이 될 수 있다는 생각을 하게 된 것은 최근입니다. 그전까지는 강대국들이 우주에서 펼치는 멋진 모습을 부러워만 했고, 직접 갈 수 있을 거라고는 생각지도 못했어요.

1990년대에 차츰 경제가 성장하면서 우리도 우주로 갈 수 있지 않겠냐는 생각을 조금씩 하게 되었는데요, 어떤 나라도 로켓 기술을 알려주지 않아서 어려움을 겪었답니다. 앞서 말했듯 다른 나라들은 이미 기술적으로 앞질러 간 상태에서 아무것도 모르는데 처음부터 시작하려니 오랜 시간이 걸릴 것은 뻔했죠.

그때 예상치 못한 기회가 찾아왔습니다. 그 무렵 소련이 붕괴하고 그 후계자인 러시아가 경제적으로 어려움을 겪으면서 다른 나라와 우주 개발 분야에서 협력하기 시작한 거예요. 우리나라는 2004년에 러시아와 정식으로 '한러 정부간 우주기술협력협정(IGA)'을 체결하면서 나로호를 개발했습니다. 이윽고 2013년 1월이 돼서야 나로호 발사에 성공할 수 있었지요. 러시아가 개발한 1단 로켓을 이용했기 때문에 반쪽짜리 독자 발사체가 아니냐는 비판도 받았지만, 그 덕분에 몰랐던 우주 기술을 많이 전수받았답니다.

2021년에는 드디어 우리의 힘으로 만든 누리호가 발사되었어요. 만약 나로호가 없었다면 누리호는 훨씬 미래에나 가능했을지도 몰라요.

그런데 중간에 생각지도 못했던 사건이 일어났어요. 나로호 성공 한 달 전에 북한이 독자 로켓으로 인공위성을 먼저 띄운 것이죠. 그 당시에 북한의 로켓이 미사일이냐 아니냐를 놓고 많은 논란이 있었어요. 대륙간탄도미사일 실험을 숨기기 위해서 조잡한 인공위성을 우주로 보낸 것이라는 추측도 있었지만, 미국이 인공위성 위치를 확인하면서 어쨌든 인공위성 발사체로 인정받았죠.

우리보다 낙후된 기술력과 국력을 가진 북한이 먼저 독자 발사체를 만들어 낼 수 있었던 이유는 무엇일까요? 그 이유는 다름 아닌 집중된 투자입니다. 물론 핵미사일을 만들려다 보니까 비슷한 기술이 많이 사용되는 우주 발사체를 개발한 부분도 있어요. 또 북한은 공산 독재국가라서 인재들을 로켓 개발에 많이 투입했고, 우리나라보다 더 많은 개발 인력을 보유하고 있습니다. 정상적인 국가라면 불가능한 기간에 특정 분야를 빠르게 발전시킬 수 있었던 거예요.

하지만 이미 우리나라는 뛰어난 인공위성을 독자 개발해서 우주로 보냈어요. 천리안 위성은 한반도 주변의 기상과 해양 상태를 자세히 관측하고, 아리랑 위성은 전 세계 어디든지 고해상도 사진을 촬영할 수 있답니다. 북한은 그런 성능 좋은 인공위성을 개발할 능력까지는 없어요.

개발하고 있는 발사체의 기술력도 우리나라가 더 앞서 있습니다. 누리호는 북한 발사체보다 몇 배 이상 큰 인공위성을 운반할 수 있고, 더 정확하게 목적지로 보낼 수 있거든요. 더 나아가 우리나라는 독자적으로 달 탐사선을 보내기 위해 계속해서 우주 기술을 개발하고 있답니다.

우주로 간다는 것은 돈과 기술만 가지고 해결하기 어려운 일이에요. 북한의 사례에서도 봤듯, 정말 많은 노력이

독자 기술로 개발한 한국형 발사체 누리호입니다
조금 늦었지만 곧 달 탐사선도 보낼 수 있을 겁니다
대단해요~ 존경합니다

뒷받침되어야 하거든요. 우리나라도 북한처럼 인재들을 강제로 우주 개발에 투입했다면 벌써 달 착륙까지 성공했을지도 몰라요. 지금 한국에서는 어려서 우주를 꿈꾸던 많은 인재가 대학에 진학할 때가 되면 현실적인 이유로 의과대학이나 로스쿨에 들어가곤 하죠. 그런데도 우주 기술자가 된 사람들은 어려운 여건 속에서도 십여 년 동안 묵묵히 개발해서 많은 것을 이뤄냈답니다.

국민의 성원도 정말 중요해요. 많은 투자가 필요한 우주 개발의 중요성을 이해하고, 실패해도 너그럽게 받아들이는 자세가 필요합니다. 우주로 갔던 모든 나라는 개발 초기에 숱한 실패를 겪었어요. 미국과 소련뿐만 아니라, 유럽과 일본, 중국도 힘겨운 시기를 넘기고서야 지금처럼 우주 강대국이 되었죠.

사실 우주 개발에 참여하는 사람들은 국민들의 반응을 늘 신경 쓰고 있어요. 한 번에 성공하지 못했다고 결과만 비난한다면 기술자들도 위축되겠죠? 반대로 새로운 시도를 격려해 준다면 힘을 낼 수 있을 거예요. 혹시 누리호 실험 발사체가 발사되던 모습을 보았나요? 며칠 동안 집에도 가지 못하고 밤낮없이 로켓을 조립했던 기술자들과 연구진들이 마음을 졸이며 발사 장면을 지켜보았죠. 마침내 발사에 성공했을 때 모두의 얼굴이 세상 모든 것을 얻은 것처럼 환히 빛났습니다. 묵묵히 자신의 자리에서 노력한 사람들과 그런 모습을 응원해 준 사람들 덕분에 우리의 우주 개발은 오늘도 한 걸음을 내딛고 있어요. TV에 얼굴이 나오는 사람뿐 아니라 함께 우주를 꿈꾸는 모두가 주인공이고, 그런 사람이 많을 때 우리도 우주로 갈 수 있답니다.

우주여행 상품을 소개합니다!

우주비행사와 우주여행객의 차이점은 무엇일까요? 지금까지 우주로 나갔던 사람은 모두 560여 명이랍니다. 대부분 군인이나 과학기술자였고, 임무에서 주어진 과학 실험과 우주 탐사를 했어요. 하지만 여행을 가면 경치를 감상하거나 하고 싶은 걸 하며 여행지를 맘껏 즐길 수 있죠. 누가 무슨 일을 해야 한다고 간섭하는 일도 없고요. 우주비행사와 여행객의 차이는 바로 여기에 있지 않을까요?

2001년부터 2009년 사이에 7명의 민간인이 자기 돈을 내고 국제우주정거장에 다녀왔는데요, 한 사람당 200억에서 300억 원 정도 되는 엄청난 여행비를 냈답니다. 평범한 사람이 꿈꾸기엔 너무나 큰돈이죠. 과연 또 어떤 우주여행 상품들이 준비되어 있을까요?

지금 두 곳의 회사에서 우주여행 상품을 준비하고 있습니다. 바로 버진갤럭틱의 '스페이스쉽2'와 블루오리진의 '뉴 셰퍼드'라는 우주여행선인데요, 대략 25만 달러의 비용을 내면 잠깐 우주에 다녀오는 서브오비탈 비행을 할 수 있답니다. 우리 돈으로 거의 3억 원이나 되는데 고작 몇 분간 무중력을 체험하는 것이니 아직 비싸다는 느낌이 드네요. 앞서 우주정거장에 다녀왔던 여행자들은 오비탈 비행을 했기에 일주일가량 우주에 머물렀어요.

INSTAR
MINOS
좋아요 230개
이번 휴가는 큰맘 먹고 우주 여행!
#지구진짜파랗다
#깜놀 #버킷리스트
#우주여행 #강추
휴가로 우주 여행이라니…
이 무슨 SF 소설 같은
일이란 말인가.
정말 오래 살고
볼 일이군.
이런 날이 오다니…

2019년에 시험 비행을 끝내고 2020년부터 스페이스쉽2와 뉴 셰퍼드의 우주여행이 시작될 예정입니다. 우주에 오래 머물 수 없는 아쉬운 우주여행이지만 가려는 사람들이 벌써 몇백 명이나 줄을 서 있답니다. 아무나 갈 수 없는 100km 높이의 우주 공간을 체험하는 것은 나름 의미 있는 모험이니까요. 또한 2020년부터 다시 국제우주정거장 방문이 허용되면서 많은 업체가 오비탈 우주여행 상품을 준비하고 있습니다.

이런 시도가 계속되면 언젠가는 평범한 사람들도 우주여행을 다녀올 수 있을 만큼 값이 낮아질 거예요. 수십 년 뒤에는 해외여행을 가듯 가까운 우주로 가는 사람이 많아질 거랍니다.

우주에서 푸른 지구를 배경으로 찍은 내 사진, 상상만 해도 설레지 않나요?

4장

여기는 지구, 외계생명체 나와라 오버!

똑똑똑, 외계인을 찾습니다

"외계인은 모두 어디에 있는 거야?"

어느 날, 엔리코 페르미*라는 유명한 물리학자가 동료들과 식사 중 이런 질문을 던졌습니다.

우리 은하계에는 태양처럼 빛나는 별이 4천억 개나 있다고 알려져 있어요. 그리고 그런 은하가 우주에는 셀 수도 없이 많지요. 우주에 있는 무수히 많은 행성을 생각하면 아무리 따져보아도 우리 인류만 문명을 이루었다고 믿기 어렵습니다. 그렇다면 우리보다 발달된 문명을 지닌 외계인이 이미 지구에 찾아왔을 법도 한데, 대체 왜 외계인은 나타나지 않느냐는 것이죠. 훗날 과학자들은 외계인을 발견하지 못한 이유를 연구하면서 이러한 문제를 페르미의 이름을 따

* **엔리코 페르미(Enrico Fermi, 1901~1954)** 이탈리아의 물리학자. 1938년에 노벨물리학상을 수상했다.

서 '페르미의 역설'이라고 불렀습니다. 엄청나게 큰 우주에 우리밖에 없어 보이는 모순적인 상황을 일컫는 것이에요.

'혹시 어떤 이유로 외계인이 지구를 외면하고 있는 것은 아닐까?', '혹시 이미 외계인이 지구에 와 있는데 우리 몰래 모습을 감추고 있는 것일까?' 수많은 추측이 난무했지만, 명쾌한 해답은 없었어요.

SF 영화나 소설을 보면 우주 곳곳에 생명체가 넘쳐납니다. 아무리 외딴 별에 가도 신기한 모습의 생물이 살고 있고, 각양각색의 외계 종족이 툭하면 티격태격하고 있죠. 괴물처럼 무섭게 묘사되는가 하면 인간과 비슷한 모습을 지녔거나 보라, 빨강, 초록 등 다양한 피부색을 지니기도 했어요. 정말로 우주에는 영화에서처럼 생명체가 넘쳐날까요?

인류는 1960년대부터 외계인이 보내오는 전파를 찾으려고 했습니다. 우리처럼 문명을 가진 생명체가 존재한다면 분명히 전파를 사용할 것이라고 생각한 거죠.

외계 지적생명탐사*라는 이름의 거창한 계획이 시작될 무렵에는 다들 기대에 부풀었습니다. 이 프로젝트 동안 사람들은 외계에서 보내는 신호를 듣기 위

* **외계 지적생명탐사(SETI : Search for Extra-Terrestrial Intelligence)** 외계에 살고 있는 지능을 가진 생명체를 찾기 위한 활동을 부르는 말.

해 귀를 기울였죠. 이토록 넓은 우주라면 우리 말고도 많은 지적 생명체가 존재할 것 같았거든요. 하지만 반세기가 넘도록 아무런 소식을 듣지 못했답니다.

이제 둘 중에 하나의 사실이 유력해졌어요. 외계인들은 전파가 아닌 다른 수단으로 통신하고 있거나, 우리 태양계 근처에 외계인이 없을지도 모른다는 것이죠.

다양한 추측 가운데 '희귀한 지구 가설'이라는 것이 나왔습니다. 처음부터 생명이 탄생하고 진화를 거쳐 문명까지 세울 수 있는 행성이 별로 없다는 주장이죠. 어떤 별은 생명체가 생겨나도 진화가 이루어지기 전에 금세 폭발하거나, 태양 노릇을 하는 항성이 여러 개 있는 바람에 생명에게 필요한 대기와 물이 증발해 버립니다. 다른 행성계와 비교하면 우리 태양계는 정말 운이 좋은 곳이랍니다.

희귀한 지구 가설에 따르면 지금 우리 은하계에는 문명을 가진 종족이 기껏해야 수십 개에서 많게는 수천 개가 존재합니다. 그런데 은하계가 너무 넓어서 문명끼리 만나려면 적어도 몇백 광년*은 가야 하죠.

게다가 문명이 생겨도 멸망하지 않고 버틸 수 있는 기간은 그리 길지 않을 거

* **광년** 천문학에서 사용하는 거리 단위. 1광년은 빛이 1년 동안 갈 수 있는 거리이다.

라 추측됩니다. 설령 우리가 빛의 속도보다 빠른 우주선을 만들어서 외계인이 사는 행성에 찾아가 봐도 이미 오래전에 멸망한 흔적만 발견할 가능성이 큽니다.

희귀한 지구 가설이 나오자 언젠가 외계인을 만날 수 있을 거라고 믿던 사람들은 충격에 휩싸였습니다. 지금도 이 가설을 두고 찬성과 반대 의견이 팽팽해요.

과학자들은 우주에서 생명의 탄생 자체는 비교적 흔한 일이라고 짐작합니다. 하지만 정수기에 여러 개의 필터가 들어 있어서 불순물을 거르듯, 우주에도 필터처럼 생명의 진화를 막는 여러 고비가 있다는 주장이 나왔어요. 바로 '그레이트 필터(Great Filter)'라는 이론입니다.

만약 생명이 탄생해도 문명을 세울 때까지는 오랜 시간이 필요해요. 우리 지구에서 생명이 나타난 뒤로 인류 문명이 생겨날 때까지 무려 30억 년 넘게 걸렸으니까요. 그동안 다른 천체와 충돌하거나, 태양의 수명이 끝나는 일을 겪지 않고 살아남은 것은 기적과도 같습니다.

그레이트 필터 이론에 따르면 우주가 조용한 이유는 수많은 종족이 전파를 사용하기도 전에 이미 여러 차례 거대한 시련을 겪으면서 사라졌기 때문이라고 합니다.

휴~우주에
생명체가 너무 많으니까
분쟁이 끊이지 않는군.
내가 우주의 균형을
좀 맞춰 주지.
잠깐! 그건
니 생각이고!
일단… 장갑 좀 벗고
이야기할까?
후후후~

희귀한 지구 가설은 반대하는 과학자가 많습니다. 그러나 그레이트 필터 이론은 우리가 알아낸 사실과 잘 맞기 때문에 많은 공감을 얻고 있어요.

세계적으로 큰 인기를 끈 영화 〈어벤져스〉 시리즈에는 타노스라는 우주 최고의 악당이 나옵니다. 타노스는 자신의 고향별이었던 타이탄 행성이 늘어나는 인구를 감당하지 못해서 멸망했다고 믿었어요. 그리고 우주에 너무 많은 생명체가 살고 있기에 그 수를 절반으로 줄여야 이 우주가 멸망하지 않을 거라고 생각했죠. 하지만 인류가 지금까지 알아낸 내용은 정반대에 가깝습니다. 우주에서 발달된 문명은 아주 희귀하기 때문에 절반으로 줄였다간 가뜩이나 적막한 우주가 더욱 조용해질 거예요.

과연 인류는 광활한 우주에 홀로 남은 외로운 종족일까요? 아니면 아직 우리가 외계인의 흔적을 찾지 못한 것뿐일까요?

우주는 과연 생명으로 가득 차 있을까?

"드넓은 우주에 우리만 있다면 공간의 낭비가 아닐까?"

✱ 칼 세이건(Carl Edward Sagan, 1934~1996) 미국의 천문학자. NASA의 여러 행성탐사 계획에 참여했다. <코스모스>라는 우주 다큐멘터리에 해설자로 출연했으며 같은 이름의 책을 출간해 큰 인기를 끌었다.

이것은 유명한 학자, 칼 세이건✱이 쓴 《콘택트》라는 소설에 나오는 말입니다. 지금도 외계인이 있을 거라고 믿는 사람들이 흔히 인용하는 구절이지요.

천문학자인 칼 세이건은 우주에 관한 인류의 지식을 모두 모아서 《코스모스》라는 책을 펴냈습니다. 이 책은 어려운 과학 이야기를 아름다운 시처럼 풀어내어 큰 인기를 끌었어요. '생명으로 가득 찬 우주'를 떠올리게 하는 이 책은 많은 사람이 우주에 대한 꿈을 품게 했습니다.

《코스모스》는 1980년에 나온 책이에요. 인류가 우주로 막 나가기 시작했을 무렵이라서 지금보다 알고 있는 것이 훨씬 적었을 때였죠. 칼 세이건은 지금으로부터 약 40년 전에 알려졌던 사실을 바탕으로 책을 썼습니다. 그런데 지금 와서는 어떨까요? 만약 다시 책을 쓴다면 똑같은 내용이 담겨 있을까요?

칼 세이건 북 토크쇼
참여 대상 : 우주의 모든 생명체
저도 참여 가능하죠?
이 넓은 우주에 과연 우리만 있을까요?
이 책을 한번 읽어 보시죠.
칼세이건
코스모스
COSMOS
명작이죠! 이 책은!

과학은 다른 학문에 비해서 정말 빠르게 발전한답니다. 어제까지 사실로 알던 내용이 아침에 일어나 보면 뒤바뀐 경우도 종종 있어요. 특히 우주 과학은 인류가 아직 걸음마를 떼는 단계라서 새로운 발견을 자주 하게 돼죠.

《코스모스》 이후로도 많은 변화가 있었습니다. 이제는 우주가 활기찬 곳이 아니라 오히려 조용하고 생명체가 살기 어려운 곳이라는 사실을 깨달았죠. 새롭게 발견한 내용을 책에 더하면 좋겠지만, 아쉽게도 칼 세이건은 이미 세상을 떠났습니다. 그래도 칼 세이건이 딱딱한 과학 이야기를 처음으로 이해하기 쉽게 쓴 덕분에 많은 사람들이 과학에 관심을 갖게 되었고, 다른 작가들이 새로운 책을 쓰면서 칼 세이건의 뜻을 이어가고 있어요.

인류가 우주 개발에 나서면서 겪은 어려움은 다른 외계 종족에게도 마찬가지일 거예요. 우주 기술의 바탕이 되는 여러 물리 법칙은 우주 전체에 공통으로 적용되니까요. 물론 훨씬 발달한 문명의 외계인이 인류가 알아내지 못한 새로운 지식으로 우주를 자유롭게 항해하고 있을지도 몰라요. 그렇다면 페르미가 궁금해하던 어떤 이유 때문에 아직 지구에 오지 않았을 뿐이겠죠.

지금 인류의 과학 기술로는 앞으로 몇 세기 동안 태양계를 벗어나기 어렵습니다. 그사이에 새로운 발견을 해서 더 먼 곳으로 갈 수 있는 발판을 만들 거라고 확신할 수는 없어요. 우주에 다른 지적 생명체가 있을지 직접 확인하는 건 먼 미래의 이야기인 것이죠.

만약 우리가 이 좁은 태양계에서만 갇혀 지내야 한다면 우주 개발이 활력을 잃지는 않을까요? 아니면 또 다른 희망을 찾아서 계속 우주에 도전하게 될까요?

알고 보니 우리가 우주인의 조상은 아닐까?

지금까지 외계인에 관한 여러 가지 의견을 알아봤어요. 잠시 영화 얘기를 해 볼까요? 예전 SF 영화에서는 대부분 외계 종족이 나왔습니다. 그런데 언제부터인가 현실적인 우주 환경을 그리는 영화에서는 슬그머니 외계인이 사라졌어요. 화성 탐사 이야기를 담은 〈마션〉이나 우주에서 지구로 귀환하는 이야기를 담은 〈그래비티〉, 블랙홀 주변으로 모험을 떠나는 〈인터스텔라〉 같은 영화가 그렇지요. 이런 영화에서는 점차 외계인이 나오지 않고, 적막한 우주에서 홀로 모험하는 인류의 모습만 보여 줍니다. 혹시 이 사실을 눈치챈 친구가 있나요?

많은 사람들이 어린 시절이나 청소년 때는 외계인의 존재를 믿는 편입니다. 그러다가 성인이 되면 차츰 외계인의 존재를 믿지 않는 사람이 늘어나죠. 혹시 외계인이 없다고 말해야 세련되고 멋있어 보이니까 그러는 것은 아닐까요? 어떤 과학자도 외계인이 있다는 증거를 찾지 못했지만, 바꾸어 말하자면 없다는 증거도 찾지 못했거든요.

인류 외에 외계인이 존재하는지 여부는 삶에 영향을 주는 철학적인 문제랍니다. 과연 외계인이 존재하지 않는다면 우리 삶은 어떻게 바뀔까요?

외계인을 기대했던 사람들은 외계인이 인류를 멸망에서 구해줄 거라거나, 아니면 그들에게 놀라운 기술을 전수받아서 은하계를 여행할 수 있기를 희망했습니다. 멸망하지 않고 우주를 여행할 만큼 문명을 발전시킨 외계인이라면 평화를 사랑하는 종족일 거라는 막연한 상상을 하면서요.

그런데 조금 달리 생각해 보면 외계인과 만나는 것은 안전한 일이 아닐 수 있어요. 인류의 역사를 생각해 보면 더욱 그러합니다. 1492년에 콜럼버스가 신대륙을 발견하고 생겼던 일입니다. 처음에 인도라고 생각했던 미지의 세계가 사실은 전혀 새로운 대륙이었다는 걸 알게 된 모험가들은 뭘 했을까요? 원하던 황금과 향신료를 얻지 못하자 호의를 베풀었던 원주민을 마구 잡아서 노예로 팔아넘겼답니다. 또 수천만 명이나 되는 남미 원주민을 학살했죠.

만약 우리보다 발달된 기술을 지닌 외계인이 지구에 온다면 평화롭게 교류하자고 할까요? 인류의 역사를 보면 아주 조금만 기술력이 차이가 나도 다른 종족을 무참하게 멸망시킨 사례가 많답니다. 그래서 어떤 과학자들은 무작정 외계인에게 신호를 보내거나, 지구의 위치를 알리는 것은 피해야 한다고 경고했어요.

그렇지만 미지의 존재가 지구를 위협하는 일은 아직 없었고, 앞으로도 없을 가능성이 큽니다. 지금으로선 오히려 우리끼리 전쟁을 벌이거나, 스스로 환경을 파괴해서 멸망하지는 않을지 걱정해야 하는 상황이에요.

만약에 무인도에서 홀로 수십 년을 살았다면 지나가는 새와 물고기도 반갑겠죠? 지구에 사는 우리가 주변 외계인들과 함께 고민을 나누고 싶었던 것은 당연한 바람일 거예요. 생명이 왜 탄생했고, 어떤 이유로 우주가 생겨났는지 같은 고민들 말이죠. 그런데 이 넓은 우주에 혼자 내팽개쳐서 왜 존재하는지도 모르게 된다면 얼마나 답답할까요?

외계인을 찾지 못하자 실망한 사람들 중 일부는 이런 생각을 하기 시작했습니다.

'우리가 우주에 사는 유일한 종족이라면, 차라리 문명을 우주에 퍼뜨리자!'

지금까지 인류는 스스로 미개한 종족이라고 여겼어요. 외계인이 있다면 훨씬 뛰어난 문명을 지녀서 별들 사이를 자유롭게 오갈 거라고 믿었죠. 하지만 발상을 바꿔서 우리가 은하계에서 가장 앞선 문명을 지닌 종족이라고 생각해 보세요. 그렇다면 무슨 일을 해야 할까요?

얼마 전에 NASA에서 새로운 연구 결과를 발표했어요. 우리 우주의 수명을 생각하면 지금은 어린 시절이라는 것이죠. 우주의 나이는 138억 년인데요, 남아 있는 수명은 수천억, 수조 년이나 됩니다. 지금까지 우주에 있었던 별의 숫자는 생겨날 별에 비하면 겨우 8%에 불과하다고 해요.

어떤 사람들은 먼 옛날 살았던 어떤 외계 종족의 유산을 발견해서 우주의 신비를 풀고 싶어 했어요. 그런데 오히려 인류가 남긴 유산을 외계인들이 탐낼 것이라니 새로운 해석이죠? 고대에 사라졌다는 아틀란티스 문명을 동경하는 것처럼 아마도 먼 훗날 외계인들은 우리 인류를 '사라진 초고대 문명'으로 여길지도 모른답니다.

에~ 지금 보시는 것은
200억 년 전에 소멸된 지구라는
행성에 살았던 생명체입니다.
인간이라고 불렸던 이들은
상당한 수준의 문명을 이뤘던
종족으로 보입니다.
오~
와~ 다리가
두 개밖에 없어!

우주의 역사 속에서 살아갈 대부분의 종족은 아직 탄생하지도 않았습니다. 이것은 NASA의 발표나 여러 천문학 연구를 봐도 거의 사실이에요. 물론 우리보다 먼저 나타났다가 사라진 종족도 있을 수 있겠죠. 그러나 우주는 무한하고, 인간이 탐사할 수 있는 영역은 매우 좁습니다. 그건 외계인들도 마찬가지일 거예요.

새로운 행성계로 이사 가기

우리 태양계와 가장 가까운 다른 행성계는 어디일까요? 바로 태양계로부터 4.2광년 떨어진 '프록시마 센타우리'라는 곳이에요. 빛의 속도로 가도 4년이 넘게 걸리죠.

혹시 부산 해운대의 백사장을 걸어본 적 있나요? 우리나라에서 가장 큰 해수욕장인 해운대는 한쪽 끝에서 반대쪽 끝까지 거리가 1.5km나 됩니다. 태양의 크기를 백사장의 작은 모래알 한 톨이라고 생각해 볼까요? 1광년은 그런 모래알 태양을 일렬로 세워놨을 때 해운대 백사장을 한 번 왕복할 거리예요. 프록시마 센타우리는 해운대를 4번 넘게 왔다 갔다 해야 합니다.

이렇게 비유하면 태양이 작은 것 같죠? 하지만 그렇지 않답니다. 비행기를 타고 이틀은 꼬박 날아가야 지구를 한 바퀴 돌 수 있고, 태양의 지름은 지구의 107배니까 6개월 동안 쉬지 않고 날아야 한 바퀴 돌 수 있을 정도로 거대한 별이랍니다.

우리 태양계 안에는 지구 이외에 살기 좋은 행성이 없습니다. 그나마 나은 환경이라는 화성도 아주 혹독한 곳이라고 이미 알려드렸어요. 그래서 사람들은 태양계가 아닌 다른 행성계에 사람이 살 수 있는 '제2의 지구'가 있을 거라는 상상을 하게 되었죠. 태양계에도 지구가 있는데, 다른 행성계에도 지구처럼 따뜻하고 공기도 있는 행성이 존재하지 않겠냐는 그럴듯한 생각입니다.

문제는 거리입니다. 인류의 기술로는 태양계를 벗어나기도 힘들거든요. 해운대에서 한 뼘도 못 가는데 몇 번이나 왕복하는 것은 엄두가 안 나는 일이에요.

인류가 태양계를 떠나 다른 별까지 가려면 뭔가 새로운 기술이 필요합니다. SF 영화에서는 공간을 종이처럼 접어서 거리를 단축시키는 '워프', 빛보다 빠른 속도로 비행하는 '하이퍼스페이스', 먼 공간을 순식간에 연결하는 '웜홀' 같은 게 등장해서 몇 광년쯤은 금세 이동할 수 있어요. 하지

우주정거장
우주선 티켓팅
어디까지 가시죠?
프록시마 센타우리 한 장이요.
지구
몇만 년은 걸리는거 알고 계시죠? 인간이시면 살아서는 도착 못 하시는데, 동면 서비스 추가해 드릴까요?

만 이것들은 실제로는 아직 발견하지 못한 허구의 과학이랍니다. 설령 머나먼 미래에 그런 기술을 개발해도 막상 사용하려면 지구상의 모든 에너지를 다 써도 모자랄 거예요. 물론 과거에는 마법과 같았던 기술이 지금 사용되고 있지만, 아직 인류는 별과 별 사이를 여행할 기술에 관한 단서는 찾지 못했거든요.

너무 멀어서 갈 수가 없다면, 아예 평생 살아가면서 세대를 이어 언젠가 도착할 수 있는 거대한 항성간 우주선을 만들면 어떨까요? 한마디로 우주에 도시를 띄워서 수백, 수천 년 동안 천천히 가겠다는 발상입니다. 베르나르 베르베르의 SF 소설 《파피용》은 그러한 거대 우주선을 타고 다른 행성계로 떠나는 인류의 모습을 담고 있어요.

하지만 이것도 문제가 많습니다. 지금 기술로 프록시마 센타우리까지 가려면 몇만 년은 걸리거든요. 또 자급자족하면서 오랜 시간을 항해할 거대한 우주선을 만드는 건 수백 년 뒤에나 가능할 기술이에요. 비용도 큰 문제랍니다. 인류가 만든 가장 큰 우주 물체는 국제우주정거장인데요, 400톤이 넘는 우주정거장을 짓는 데 무려 100조 원이 넘게 들었습니다. 항성간 우주선이라면 적어도 수만 톤은 될 텐데, 만드는 것은 둘째치고 돈을 마련하는 것부터 문제네요.

이런 문제에도 불구하고 수천 명이 살 수 있는 거대한 우주선을 만들었다고 가정해 보겠습니다. 속도도 엄청 빨라서 수백 년만에 프록시마 센타우리까지 무사히 도착할 수 있었고요. 그런데 만약 그곳에 제2의 지구가 될 만한 행성이 없다면 어떨까요? 모두가 정말 난감한 상황에 놓이고 말 겁니다.

우주에서 들려오는 전파로 외계인을 찾는 연구는 아직 계속되고 있지만, 지원이 많이 줄어서 예전처럼 활기를 띠지는 못하고 있답니다. 대신에 과학자들은 다른 방법으로 외계에 생명체가 살 수 있는 행성이 있는지 찾아 나섰죠.

커다란 망원경을 우주에 띄워서 다른 행성계를 관측하기로 한 겁니다. 행성을 직접 볼 수는 없지만, 외계 항성 주변을 돌고 있는 행성의 그림자를 관측해서 크기와 형태를 알아낼 수 있거든요.

2009년에 케플러 우주망원경*이 발사된 이후로 지금까지 무려 4천 개가 넘는 외계 행성의 단서를 찾았습니다. 너무 성과가 좋아서 기쁜 나머지 2018년

* **케플러 우주망원경** 지구와 비슷한 행성을 찾기 위해 발사된 우주망원경. 9년 동안 수많은 행성을 찾아내어 '행성 사냥꾼'이라는 별명을 얻었다.

에는 더 성능이 좋은 테스 우주망원경* 도 보냈죠. 뛰어난 성능의 우주 망원경 덕분에 외계 생명체가 살고 있을지 모를 행성을 연구할 수 있었습니다.

* **테스 우주망원경** NASA가 발사한 우주망원경. 케플러 우주망원경의 뒤를 이어 외계 행성을 찾는 임무를 맡았다.

그런데 결과는 아쉬웠어요. 외계 행성계 중에서 우리 태양계만큼 살기 좋은 곳은 매우 드물었답니다. 하지만 몇 가지 성과도 있습니다. 우주에는 무수히 많은 별이 있고, 그 중에서 행성을 가진 별도 엄청나게 많다는 사실이죠. 비록 생명체가 살기 어려운 곳이 더 많겠지만, '제2의 지구'로 손색없는 행성들도 분명 있을 거라고 합니다. 앞으로 외계 행성을 더 많이 연구하면 언젠가는 지구와 닮은 행성을 찾아낼 날이 올 거예요.

아까 말했던 프록시마 센타우리 이주선으로 돌아가 보겠습니다. 기껏 4.2광년을 날아왔더니 생명체가 살 수 없는 황량한 행성계였어요. 그렇다면 지구로 되돌아가야 할까요? 아니면 다시 다른 행성계를 찾아 나서야 할까요?

만약 사람이 살 만한 행성계를 발견하더라도 그 거리가 몇 광년인 경우는 거의 없을 거예요. 적어도 수십 광년, 수백 광년일 텐데 이번에는 진짜로 수만 년 동안 우주를 항해해야 합니다. 현재로서는 태양계 바깥에서 인류의 거주지를 찾으려면 아무래도 워프 엔진이 개발되거나, 〈인터스텔라〉처럼 다른 차원의 존재가 웜홀을 만들어 주길 기다리는 것이 더 빠르겠네요.

지구를 벗어나 어디까지 갈 수 있을까?

가까운 미래에 다른 행성계로 이주하는 것은 불가능하지만, 태양계 내에서라면 이야기가 달라집니다. 지금까지 많은 탐사선을 보내서 달과 화성 등 태양계의 곳곳을 탐사했거든요. 인류는 우주에 첫발을 내디딘 지 고작 60년 만에 다른 행성으로 가려고 합니다. 기대했던 외계인은 아직 만나지 못했지만, 스스로 우주에 진출할 수 있게 되었어요. 과연 우리는 인류의 요람인 지구를 벗어나 어디까지 가 볼 수 있을까요?

가장 가까운 목표는 역시 지구 근처의 우주 공간이랍니다. 수많은 인공위성이 떠 있는가 하면, 평소 3~6명 정도의 사람이 우주정거장에서 머물고 있죠. 이곳은 아직 지구 자기장의 보호를 받기 때문에 위험한 우주방사선으로부터 그나마 안전합니다.

머지않아 우주정거장에 머물 수 있는 여행 상품이 나오고 우주 호텔도 곧 등장할 전망이에요. 우주 관광업은 앞으로 가장 주목받을 우주 사업 아이템이죠. 여러분이 자녀를 낳을 때쯤 되면 아마 주변에도 우주에 다녀온 사람이 한두 명 있을 거예요. 어쩌면 우리가 직접 다녀올 수 있을지도 모르고요.

두 번째로 가까운 곳은 달입니다. 달은 인류가 발을 디뎠던 유일한 외계 천체이지요. 우주에서 오랫동안 체류하려면 중력이 있는 천체 가까이에 있는 게 좋아요. 아무것도 없는 공간에서는 제자리를 찾기가 어렵거든요. 달 중력은 지구의 6분의 1에 불과하지만, 무중력보다는 약한 중력이라도 있어야 사람이 머물기가 좋아요.

곧 여러 나라가 함께 달 궤도에 우주정거장을 지을 계획이에요. 우리나라도 달 우주정거장 건설에 동참할 예정이죠. 미국과 중국은 아예 달에 기지를 세우겠다는 포부까지 밝혔어요. 또 달 모래 속에는 미래의 핵융합 에너지원으로 유망한 '헬륨-3'이 많이 있다고 합니다. 아직 명확한 쓸모는 알 수는 없지만, 자원 채취 때문이 아니더라도 월면 기지와 달 궤도 우주정거장이 만들어질 것은 분명해요.

다음으론 화성 차례입니다. 거리는 훨씬 멀어도 화성이 달보다 인류가 정착하기에 더 좋은 곳이에요. 지구보다는 약하지만, 달보다 2배나 강한 중력도 존재합니다. 또 희박한 대기에서 산소를 뽑아낼 수 있고 물도 있어요. 다만, 달이 지구와 가까워서 왕래하기는 더 쉽습니다. 화성에 가려면 행성들의 위치에 따라서 6~8개월이 걸려요. 강력한 로켓으로 최대한 빨리 날아가면 앞당겨지지 않겠냐고 생각하겠지만, 결국 도착하는 날짜는 비슷해요. 태양계 행성들이 우주선보다 더 빠른 속도로 공전하고 있거든요.

그리고 화성은 아무 때나 갈 수 있는 곳도 아니에요. 2년마다 한 번씩 지구와 가까워질 때만 오갈 수 있습니다. 태양계 모든 행성은 태양을 중심으로 공전하고 있어서 서로 멀어졌다 가까워지는 것을 반복해요. 화성과 가까울 때 거리는 5천만 킬로미터 정도지만, 만약 태양 뒤쪽에 있으면 그보다 8배나 멀어져 버린답니다.

이렇게 멀리 떨어진 화성이지만, 그래도 지구에서 사람이 직접 갈 수 있는 가장 가까운 행성입니다. 금성이나 수성은 너무 뜨거워서 무인 탐사선들에게 맡겨 둬야 하거든요. 달은 지구 중력의 영향을 받는 위성입니다. 그래서 화성에 간다는 것은 사람이 지구의 중력을 벗어나서 처음으로 먼 우주에 나가는 일이랍니다.

화성 다음으로 꼽을 행성은 목성입니다. 우주를 항해하는 원리는 거대한 태양의 중력 속에서 헤엄치는 것과 비슷해요. 한번 소용돌이에 휩쓸리면 벗어나기 어렵듯 중력이 큰 태양으로부터 멀어지는 것은 굉장히 힘든 일이지요. 목성은 얼핏 보기엔 가까워 보이지만, 화성보다 몇 배는 더 가기 어려운 곳이랍니다. 목성으로 가려면 아무리 빨라도 일 년 넘는 시간이 걸려요. 또한, 목성 근처에 도착하면 멈추기가 힘들답니다. 속도를 줄여서 목성의 위성에 착륙하려면 추가로 몇 개월이 필요하고요.

목성은 스스로 강력한 방사선을 내뿜는 행성이기도 합니다. 그 탓에 주변에서 생명체가 살기 어렵죠. 토성도 목성과 환경이 비슷하지만, 목성보다 더 먼 곳에 있어요. 혹시 인류가 토성에 간다면 목성부터 방문한 다음일 거예요.

목성과 토성은 거대한 가스 행성입니다. 지구나 화성처럼 단단한 행성이 아니라서 사람이 내려설 수 없답니다. 두 행성은 마치 미니 태양계처럼 주위를 도는 많은 위성을 가지고 있는데요, 그중에는 지구의 달보다 큰 것도 몇 개 있답니다. 목성의 '가니메데'라는 위성은 반지름이 2,634km로 화성의 3,390km보다 조금 작으니까 거의 행성이라고 봐야겠죠? 그런 위성 중에서 생명체가 존재할 가능성이 있는 곳도 있어요. 바로 목성의 '유로파'와 토성의 '타이탄'입니다.

유로파는 거대한 얼음으로 뒤덮인 위성인데요, 수 킬로미터 두께의 얼음 밑에 지구의 바다보다 더 큰 바다가 있습니다. 오래전부터 과학자들은 유로파에 해양 생물이 살고 있지 않을까 궁금해 했어요. NASA는 이곳에 '유로파 클리퍼'라는 탐사선을 보내서 연구할 예정입니다.

타이탄은 우리가 도시가스로 쓰는 메탄이 물처럼 흐르는 곳이랍니다. 액체로 된 메탄이 호수와 강을 이루고 있고, 폭포도 있을 거라고 합니다. 심지어 원시 지구와 비슷한 성분의 두꺼운 대기도 있어서 미생물이 살아갈 수 있는 환경일지도 몰라요.

지금까지 여러 대의 탐사선이 화성에서 생명의 흔적을 찾아봤지만, 아무것도 발견하지 못했습니다. 그래서 일부 과학자들은 지구를 제외하면 타이탄이 태양계에서 생명체가 있을 가능성이 제일 큰 곳으로 예상하고 있어요. 그다음은 유로파입니다. 언젠가 타이탄이나 유로파에서 외계 생명체를 찾는다면 엄청난 사건이 되겠죠? 이렇듯 생명체가 존재할지도 모를 목성과 토성의 위성으로는 당분간 사람이 가긴 어려워요. 아마도 화성 식민지 건설이 끝나면 그

칼리스토
가니메데
온다고? 진짜?
유로파
이오
목성
내가 수성보다 뜨거운 행성이야. 460도쯤 되지.
금성
소행성들
해왕성
날마다 오는 기회가 아니에요~ 2년마다 지구와 가까워지지!
화성
헬륨-3을 갖고 싶은 자 나에게 오라!
달, 화성, 목성 찍고 토성~
천왕성
수성
지구
달
타이탄
왠지 생명이 있을 것만 같은 느낌적인 느낌
토성

곳에서 출발한 새로운 탐험대가 방문하게 되지 않을까요?

마지막으로 살펴볼 것은 바로 소행성입니다. 우리 태양계에는 발견된 것만 해도 70만 개가 넘는 소행성이 있어요. 그중에 큰 것은 달과 비슷한 정도의 크기라서 아예 '왜소행성'이라고 부르지요.

소행성은 화성과 목성 사이의 '소행성대'라는 곳에 많이 모여 있어요. 지름이 100km가 넘는 것도 수십 개 있고, 가장 큰 것은 900km가 넘습니다. 그리고 우리 지구 주변에도 2만 개에 가까운 소행성이 있답니다.

소행성 중에는 작은 것도 꽤 있어서 언젠가 인류가 자원을 캐낼 보물창고로 여겨져요. 소행성을 달 근처까지 끌고 온 다음에 값나가는 금속을 얻겠다는 발상이죠. 이런 사업은 이미 여러 민간 회사가 추진하고 있어요. 화성에 식민지가 건설될 즈음이면 소행성에서 캐낸 자원을 실어 나르는 화물선이 태양계를 누비고 있을지도 모릅니다.

여기까지가 가까운 미래에 펼쳐질 인류의 태양계 탐험 모습이에요. 어떤가요? 태양계가 전보다 더 자세히 그려지나요? 먼저 지구 근처와 달, 화성부터 차근차근 사람이 살 수 있는 곳을 마련해야 합니다. 목성이나 토성까지 가는 것은 조금 더 기다려야 해요. 그 너머의 천왕성이나 해왕성까지는 아마도 몇 세기 동안 무인 탐사선들이 담당할 거랍니다.

이렇게 태양계를 개발하다 보면 언젠가는 다른 행성계로 떠나는 거대한 이주선을 볼 수 있지 않을까요?

우주 용어 TIP

- **항성(Star)** 태양처럼 스스로 빛나는 별. 우리말에서 별은 좁은 의미로 항성을 뜻한다. 항성은 주위에 자신을 빙빙 도는 행성이 있는 경우가 많다.
- **태양(Sun)** 우리 태양계의 중심에 있는 항성. 태양계 전체 무게의 99.86%를 차지할 정도로 크고 무겁다. 우주에서 태양이란 이름을 가진 별은 단 하나다.
- **행성계(Planetary system)** 항성을 중심에 두고 여러 행성이 돌고 있는 집단. 행성계 안에는 항성, 행성, 위성, 소행성 등이 모두 포함된다.
- **태양계(Solar system)** 태양을 중심으로 하는 우리 행성계의 이름. 다른 행성계는 태양계라고 부르지 않는다.
- **행성(Planet)** 항성 주위를 돌면서 스스로 빛을 내지 못하는 천체. 둥근 모양을 하고, 주변에 영향을 줄 만한 크기와 무게를 지녀야 한다. 행성처럼 둥글지만 다른 천체의 영향을 받는 경우 '왜소 행성'이라고 부른다.
- **위성(Natural satellite)** 행성의 중력에 사로잡혀 그 주위를 돌고 있는 천체. 지구의 위성은 달이다. 인공위성과 혼동을 피하고자 자연위성이라고 부르기도 한다.

달 착륙 조작설과 지구 평면설

인터넷을 살펴보면 “아폴로 우주선은 사실 달에 가지 않았다”라는 ‘달 착륙 조작설’과 “지구는 평평하게 생겼다”고 주장하는 ‘지구 평면설’을 쉽게 접할 수 있습니다. 달 착륙 조작설은 수백만 장이나 되는 연구 보고서를 교묘하게 트집 잡으며 거짓이라고 몰아세웠고, 지구 평면설은 어처구니 없게도 우주에서 찍은 둥근 지구의 사진을 부정하고 있습니다. 왜 아직도 이런 음모론이 끊임없이 퍼져나가고 있을까요?

2019년 2월, 텍사스 공과대학의 애슐리 랜드럼 교수가 이끄는 연구팀은 ‘평평한 지구 학회’라는 음모론 모임 회원 30명을 대상으로 인터뷰를 진행했습니다. 이미 과학적으로 증명된 사실이 있음에도 왜 허무맹랑한 주장에 빠져들게 되었는지 알기 위한 연구였죠.

그 결과, 놀라운 사실이 밝혀졌습니다. 비교적 최근에 가입한 회원들은 모두 유튜브를 보고 지구 평면설을 믿게 되었다는 거예요. 지난 5년 동안 유튜브에서 지구 평면설 관련 동영상 조회수가 수백만이나 되고, ‘평평한 지구 학회’ 회원수는 10만 명 규모로 빠르게 늘어났습니다. 그렇다면 유튜브가 음모론 확산의 주범일까요?

유튜브에는 ‘추천 시스템’이라는 것이 있습니다. 접속자가 즐겨 보는 취향

의 동영상이 어떤 내용인지 자동으로 판별해서 비슷한 동영상을 계속 추천해 주는 시스템이지요. 때론 원하는 동영상을 쉽게 찾을 수 있어서 편리하지만, 그릇된 정보의 유혹에 쉽게 넘어가는 사람들에게는 오히려 독이 된다는 우려가 커지고 있습니다.

유튜브는 영상으로 짧은 시간 안에 정보를 전달하는 특성이 있는데요. 이런 방식으로 거짓 정보를 유포하면 걷잡을 수 없는 일이 발생할 수 있거든요.

혹시 '확증 편향'이라는 단어를 들어본 적이 있나요? 자신이 믿고 있는 신념과 일치하는 정보는 받아들이고, 맞지 않는 정보는 귀를 닫고 애써 무시하는 경향을 말합니다. 한마디로 고집불통을 뜻하지요.

유튜브에서 음모론 관련 영상을 자주 보는 사람이라면 스스로 '확증 편향'을 가지고 있는 것은 아닌지 염려해 봐야 합니다. 왜냐하면 유튜브에는 음모론을 반박하는 영상도 넘쳐나기 때문이죠. 다른 의견은 무시하고 한쪽 의견만 골라서 듣다 보면 추천 시스템은 더욱 비슷한 영상만 추천해 줍니다. 그러면 마치 세상이 온통 음모론으로 가득 찬 것처럼 착각하게 되는 것이죠.

음모론은 과학에 대한 불신을 조장합니다. 한번 빠져들면 다음부터는 과

쯔쯔쯔~ 우리 때도 저렇지는 않았는데…
음모론과 가짜뉴스를 믿으면 저렇게 된다고.
지구는 평평해! 인간은 달에 간 적 없어! 그것 말고 다른 말은 안 들을 거야!
여기 증거가 있는데 그게 무슨 뚱딴지 같은 소리야! 과학 무시하냐?
전형적인 확증편향이군.

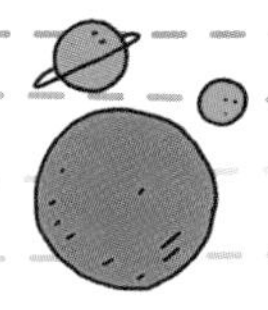

학 지식을 자기 입맛에 맞는 것만 받아들이게 되고, 급기야 인류 문명의 성과를 부정하는 상황까지 벌어집니다.

올바른 지식은 유튜브만으로는 얻을 수 없습니다. 다양한 매체를 활용해서 책도 읽고, 뉴스도 보며 여러 정보를 얻는 것이 중요하죠. 다른 사람들과 토론하며 의견을 나누는 것도 좋은 방법입니다. 그리고 가장 중요한 것은 현대 문명의 기초를 마련한 고대 그리스 철학자들처럼 “내 생각이 틀렸을 수도 있다”는 전제 아래 다른 의견도 경청하는 습관을 지니는 것입니다. 역사적으로 위대한 과학자들의 이론도 나중에는 다르게 밝혀지는 경우가 있었거든요. 이렇게 열린 생각을 할 때 우리는 더 진실에 가까워질 수 있답니다.

5장
앞으로의 우주 개발은 어떻게 펼쳐질까요?

미래 우주는 덕후가 지배한다

2001년 10월 말, 차가운 북극 바람이 불어오기 시작한 모스크바 공항에 세 명의 미국인이 내려섰어요. 겉으로 보기에는 물건을 사려고 온 평범한 장사꾼 같았죠. 그런데 그들이 러시아인들에게 건넨 제안은 평범하지 않았습니다.

"당신네 로켓 3대를 우리한테 파시오!"

놀랍게도 흥정하려는 물건이 핵무기를 운반하는 대륙간 탄도미사일(ICBM)이었던 거예요. 그러나 상대가 예상보다 훨씬 비싼 가격을 제시하는 바람에 거래는 무산되었습니다. 그때 러시아인들은 "애송이들아, 돈이 부족하니?"라며 조롱까지 했어요.

수모를 당하고 바가지까지 뒤집어쓸 뻔했던 사람 중에는 서른 살의 일론 머스크가 있었습니다. 1990년대에 IT 열풍이 불어왔을 때, 많은 청년 기업가들이 도전적인 벤처기업을 세워서 큰돈을 벌었습니다. 일론 머스크도 그중 한 사람이었는데요, 회사를 팔아서 번 돈으로 새로운 사업을 구상하다가 러시아까지 찾아갔던 거랍니다. 그 사업은 바로 '우주 개발'이었어요. 잘나가던 사업가가 왜 갑자기 우주 개발에 뛰어들려고 한 것일까요?

일론 머스크는 어려서부터 우주를 꿈꿔 왔던 사람입니다. 흔히 '덕후'라고 부르는 부류였죠. 마치 아이돌 그룹의 팬이 좋아하는 그룹을 만나러 콘서트를 가는 것처럼 일론 머스크도 우주를 좋아하고, 우주에 가고 싶어 하는 우주 덕후였던 거예요. 비록 전문가는 아니지만 덕후도 그에 못지않은 애정과 관심을 갖고 있지요. 때로는 세세한 내용을 파고들어서 전문가보다 더 자세히 알기도 하고, 편견을 깨는 획기적인 아이디어를 내놓는 경우도 종종 있답니다.

우주 덕후 일론 머스크가 러시아로 갔던 이유는 바로 우주로 쏘아 올릴 로켓을 구입하기 위해서였어요. 로켓을 구하려고 유럽을 뒤졌지만 구하지 못하던 차에 러시아에서 내놓은 물건이 있다는 소식에 부리나케 날아간 거였죠. 그렇다면 왜 일론 머스크는 로켓을 사려고 했을까요? 그리고 당시에는 어떻게 로켓을 사고팔 수 있었을까요?

소련이 붕괴하고 러시아는 한동안 경제적으로 어려웠답

니다. 2001년에는 민간인에게 돈을 받고 국제우주정거장으로 여행을 보내주기도 했었죠. 시장에는 진귀한 물건들이 나오기도 했어요. 그중에는 핵탄두를 제거한 ICBM도 있었는데요, 조금만 고치면 인공위성을 쏘는 발사체로 쓸 수 있었습니다. 일론 머스크는 러시아 ICBM을 개조해서 인공위성을 발사하면 수익을 낼 수 있겠다고 생각했답니다.

비록 러시아에서 창피를 톡톡히 당했지만 머스크는 거기서 멈추지 않았어요. 다음 해에 또다시 러시아를 방문했는데, 이번에는 진짜 로켓 전문가와 함께 갔습니다. 두 번째 협상도 역시 비싼 가격 때문에 결렬되었지만, 큰 변화가 있었어요. 러시아가 제안한 조건을 유심히 살펴본 머스크는 차라리 로켓을 직접 개발하겠다는 생각을 한 거예요. 그리고 곧바로 '스페이스X'라는 회사를 세웠습니다.

일론 머스크의 생각은 간단했습니다. 로켓이 너무 비싸니까 직접 만들면 경쟁력이 있겠다고 생각했던 것이죠. 설계를 단순화하고, 대량 생산을 하면 로켓 가격을 10분의 1까지 낮출 수 있다는 계산이 나왔습니다.

그런데 로켓을 개발하는 것은 생각처럼 쉬운 일이 아니었어요. 미국의 부품 회사들이 협조해 주지 않았고, 간단한 부품 하나조차 터무니없이 엄청난 값을 요구했죠. 러시아에서 겪었던 것과 똑같은 상황이었습니다.

결국에는 스페이스X에서 모든 부품을 직접 만들기로 했어요. 가장 중요한 로켓 엔진은 핵심 기술자를 구하기가 어려워서 취미로 로켓을 만들던 또 다른 덕후를 영입했습니다. 그 사람이 바로 톰 뮬러*라는 기술자였답니다.

* **톰 뮬러(Tom Mueller, 1963~)** 미국의 로켓 엔지니어. 스페이스X의 초창기부터 함께 한 핵심 멤버로, 재사용 가능한 로켓 등을 만든 로켓 전문가이다.

뮬러는 로켓을 꿈꾸던 사람입니다. 관련 학과를 졸업하고 로켓 회사에 취직까지 했었죠. 그런데 막상 회사에 들어가니 부품 하나만 계속 개발해야 했어요. 현실은 꿈과 달랐던 것이죠. 그래서 주말에 자기 집 차고에서 취미로 아마추어 로켓을 만들었는데요, 마침내 개인이 만든 것 중에서 가장 강력한 로켓을 발사했답니다. 이 소식을 들은 머스크가 뮬러를 찾아갔던 것이죠. 사업가 기질이 있는 우주 덕후와 개발 열정이 있는 로켓 덕후는 그렇게 만났습니다.

오래전에 스티브 잡스와 워즈니악이 차고에서 세상을 뒤바꾼 '애플 컴퓨터'를 만든 일화가 있어요. 그때 잡스는 사업을 주도했고, 개발은 워즈니악이 맡았습니다. 머스크와 뮬러의 관계도 거의 비슷합니다. 두 사람은 사업과 개발을 각자 도맡아서 '팰컨9'라는 로켓을 개발하기 시작했어요. 새로운 로켓의 개발은 정말 어려웠지만, 무려 10년 동안 실

스페이스 X의 일론 머스크가 성덕이 되기까지

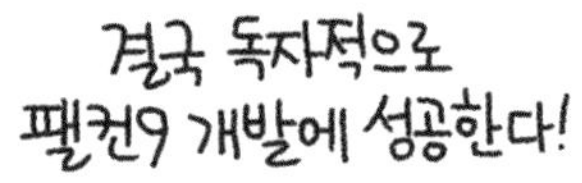

패를 거듭한 끝에 결국 성공했답니다. 그리고 이제는 자신을 조롱했던 러시아와 유럽, 미국의 로켓 회사들을 위협하는 강력한 신흥 강자가 되었죠.

그 무렵 또 다른 우주 덕후가 차고에서 세상을 바꾸고 있었어요. 그 사람은 바로 아마존닷컴의 설립자인 제프 베조스입니다. 아마존닷컴은 세계에서 가장 큰 전자상거래 회사로 성장했어요. 덕분에 베조스는 세계 최고의 갑부가 되었죠. 그런데 이미 2000년부터 베조스는 '블루 오리진'이라는 개인회사를 따로 차려서 우주 개발을 추진하고 있었답니다.

"내가 아마존닷컴을 만들어서 돈을 번 것은 우주로 가기 위한 비용을 마련하기 위해서다."

훗날 제프 베조스는 이렇게 말했습니다. 그리고 그 말을 증명하려는 듯 매년 개인 돈으로 1조 원 넘게 블루 오리진에 투자하고 있어요. 블루 오리진은 2020년부터 우주여행 상품을 판매하고 있지요. 그리고 조만간 거대한 로켓을 만들어서 스페이스X와 함께 민간 우주 기업 시대를 열어갈 것으로 보입니다.

자신이 좋아하는 일에 몰두해서 꿈을 이루는 것만큼 매

력적인 동기는 없답니다. 우주에 가고 싶었던 독일의 폰 브라운도 마찬가지였지요. 관심도 없던 수학과 물리학을 공부해서 대학에 입학했고, 마침내 V-2 로켓을 만들어서 인류가 우주로 나갈 수 있게 했으니까요.

전문가가 가능성을 따질 때 덕후는 가능성을 뛰어넘는 꿈을 꾸기도 합니다. 일론 머스크가 직접 로켓을 쏘아 올린다고 했을 때 처음에는 많은 사람들이 힘들 거라 생각했을 거예요. 하지만 머스크는 정말로 우주로 로켓을 쏘아 올렸어요. 이제 사람들은 화성에 사람을 보내 기지를 세우겠다는 머스크의 말을 허풍으로 듣지 않습니다. 때로는 관습에 얽매이지 않고 뭔가를 해 보려는 덕후의 도전 정신이 새로운 미래를 여는 것이죠. 다음에는 또 어떤 덕후가 세상을 놀래킬까요? 훗날 누군가는 차고에서 워프 엔진을 만들어 내는 것은 아닐까요?

우주 개발의 새로운 목표, 화성!

화성을 떠올리면 뭐가 생각나세요? 아마도 붉은 모래 폭풍이 불어오는 곳, 춥고 메마른 황량한 별이란 생각이 들

거예요. 1938년에 미국의 어떤 라디오에서 "화성인이 지구를 침공했다!"라는 놀라운 소식을 전했습니다. 당시 이 방송을 들었던 수백만 명은 정말 외계인이 지구를 침략했다고 믿고 충격에 휩싸였는데요, 사실은 〈우주전쟁〉이라는 SF 드라마였습니다. 왜 이렇게 많은 사람이 드라마를 실제 상황이라고 착각했을까요?

망원경이 발명된 이래로 화성은 인류의 무한한 상상력을 자극했습니다. 19세기에 이탈리아의 과학자 조반니 스키아파렐리*가 화성에서 마치 운하처럼 생긴 줄무늬를 발견하면서 지능을 가진 생명체가 살고 있지 않겠냐는 호기심이 커졌죠. 20세기가 되자 SF 소설이 인기를 끌면서 화성인은 더욱 인기 있는 소재가 되었습니다. 화성에 생명이 존재할 거라는 이야기가 널리 퍼지면서 화성인을 기대하는 마음이 커졌던 것이죠.

*** 조반니 스키아파렐리(Giovanni Virginio Schiaparelli, 1835~1910)** 이탈리아의 천문학자. 화성의 긴 줄무늬 같은 모습을 발견하여 '카날리'라고 이름을 붙였다.

우주 개발이 시작되면서 달이 첫 목표가 되었고, 그다음에는 가까운 금성과 화성이 자연스럽게 두 번째 목표로 떠올랐어요. 금성은 지구와 비슷한 크기라서 미래의 식민지로 가장 유력했지만, 막상 탐사선이 찾아가 보니 너무나 혹독한 환경이었습니다. 뜨거운 대기와 모든 것을 녹여 버리는 황산 구름으로 뒤덮여서 생명이 살 수 없는 곳이었죠. 반면에 화성은 춥지만, 생명이 있을 가능성이 보였습니다.

미국은 아폴로 달 탐사가 끝나면 화성으로 사람을 보낼 계획이었어요. 그러나 달 정복을 끝으로 우주에 대한 관심이 식으면서 흐지부지되었답니다. 달까지 가는 데도 엄청난 돈이 들었는데, 그보다 훨씬 큰 비용이 필요한 화성은 엄두가 안 났던 것이지요. 대신에 무인 탐사선을 계속 보냈고, 화성 표면에 여러 대의 탐사 로봇까지 착륙시켰습니다.

화성에 간 탐사선들은 뭘 조사했을까요? 당연히 화성에 생명이 살고 있는지부터 살폈답니다. 처음 화성에 착륙했던 바이킹 탐사선*은 인간의 얼굴 모양을 닮은 거대한 바위를 발견했어요. '인면암'이라고 부르는 이 암석은 흐릿하게 찍혀서 얼굴 모습이라고 단정할 수는 없지만, 많은 사람이 정말 화성인이 존재하는 것 아니냐며 놀라워했습니다. 하지만 훗날 다른 탐사선들이 더 자세한 사진을 찍었더니 얼굴 형태와는 전혀 다른 모습이었어요.

* **바이킹 탐사선** 1976년에 발사된 미국의 화성탐사선. 화성의 흙과 날씨를 분석했고 여러 장의 사진을 찍어 지구로 보냈다.

사람은 윤곽이 애매한 어떤 사물을 보면 자연스럽게 그것을 지금까지 경험했거나 상상해 온 모습 중 비슷한 것으로 생각해 받아들입니다. 이런 현상을 '인지적 착시효과'라

1976년 NASA
오오오~
돌이 어떻게 저렇게 생길 수가 있어?! 완전 사람 얼굴 모양이잖아?
그, 그렇다는 것은 화성에 생명체가 존재한다는 건가?
처음으로 찍은 화성 사진이라 사람들 모두 흥분했지만, 나중에 여러 각도에서 찍어 보니 얼굴 모양이 아니었죠.
간절한 마음이 불러온 인지적 착시효과랄까?

고 하는데요, 인면암 같은 경우도 화성인을 기대하는 간절한 마음이 인지적 착시효과를 불러온 것은 아닐까요?

아쉽게도 탐사선들은 화성에 생명체가 존재한다는 증거를 찾지 못했습니다. 하지만 생존에 필요한 물이 있다는 사실을 밝혀냈고, 대기와 지질에 관한 많은 연구를 해냈어요. 물론 어딘가에 아직 찾지 못한 미생물이 살고 있을지도 모릅니다. 화성은 춥고 황량한 곳이지만, 그나마 태양계 다른 행성이나 위성보다 생존하기 좋은 곳이거든요. 하지만 그런 곳조차도 지구에서 인간이 살아가기 가장 힘든 남극보다 더 혹독한 환경이랍니다.

인류가 처음 달에 갔던 가장 큰 이유는 호기심과 정치적 이유 때문이었습니다. 두 가지가 모두 해결된 다음에는 한동안 달에 가지 않았죠.

화성은 어땠을까요? 사람이 가 본 적이 없으니 호기심은 컸지만, 달 탐사보다 큰 비용을 쓰면서까지 화성에 갈 명분은 부족했습니다. 그러나 가까운 미래에 사람이 화성으로 갈 것은 거의 확실합니다. 지금 미국과 중국이 경쟁하면서 서로 화성에 사람을 먼저 보내려 애쓰고 있거든요.

또 이전보다 점점 우주 개발에 뛰어드는 기업과 큰돈을 내고서라도 우주에 가 보려는 사람이 늘고 있어요. 과거에는 우주로 나가는 게 국가적인 일이었다면 이제는 점차 다양한 이유로 우주에 손을 뻗는 것이죠. 그만큼 우주 개발의 열기는 더 뜨거워질 거예요.

우주 개발 경쟁이 한창이었던 냉전 시기에 전 세계적으로 한 해에 발사되는 로켓이 100대가 넘었던 적이 있었지만, 1990년 이후로는 한동안 그 정도로 많은 로켓이 발사된 적은 없었죠. 그런데 바로 2018년에 총 112대의 로켓이 우주로 쏘아 올려졌습니다. 우주 개발의 불꽃이 다시 점화되고 있는 것이에요. 이러한 흐름에 따라 앞으로 로켓이 발사되는 횟수는 꾸준히 늘어날 것으로 보입니다. 2020년부터 우주여행까지 시작되었으니 로켓뿐 아니라 우주에 다녀온 사람의 수도 급증할 거랍니다. 이렇게 기술이 발전하고, 우주를 향한 문턱이 낮아지면 화성으로 가는 비용도 차츰 줄어들겠지요?

그렇다면 화성에 가려는 사람들은 과연 어떤 사람들일까요? 그리고 무슨 이유로 화성에 가려고 할까요?

차라리 그 돈으로 지구를 지키라고?

"인류에게는 두 가지 길이 있습니다. 지구에 남아 멸종에 굴복하거나, 또 다른 행성을 식민지로 개척하는 겁니다."

2016년에 열린 '국제 우주비행 회의'에서 스페이스X의 대표, 일론 머스크가 했던 연설의 첫 대목입니다. 이어서 머스크는 화성으로 사람을 보내겠다는 계획을 발표했어요. 이날 연설은 큰 논란을 불러왔는데요, NASA조차도 시도하지 못했던 일에 민간 기업이 먼저 나섰기 때문입니다.

앞서 2012년에는 '마스 원(Mars One)'이라는 네덜란드 회사가 화성에 정착촌을 건설하겠다는 계획을 발표했습니다. 이주 희망자를 모집하는데 전 세계에서 20만 명이 넘는 사람이 지원했을 만큼 관심을 끌었어요. 그런데 자세히 들여다보니 명확하지 않은 계획을 내세워서 천문학적인 투자금을 모으고, 화성 이주에 필요한 기술 개발은 다른 우주 기업에 맡긴다는 발상이었죠. 결국, 2019년 1월에 마스 원이 파산하면서 사기극으로 끝났습니다.

하지만 스페이스X의 화성 식민지 계획은 달랐습니다. 전 세계에서 화성으로 갈 수 있는 기술을 갖춘 곳은 얼마 되지 않고, 그중에서도 스페이스X가 가장 유력하거든요.

2018년 1월에는 그런 기술력을 과시하듯 로켓에 일론 머스크 회사에서 만든 빨간 스포츠카를 실어 화성 근처까지 날려 보내기도 했답니다. 지금도 흰 우주복을 입은 마네킹이 자동차에 탄 채 우주 공간을 맴돌고 있어요.

예전에 유인 달 탐사가 중단되었던 이유는 바로 막대한 비용 때문이었습니다. 최근에 와서는 이전보다 로켓과 우주선 발사 비용이 낮아지고 있지만, 아직 화성까지 쉽게 갈 수 있을 정도는 아니에요. 더구나 사람이 화성에 다녀오려면 여러 기술을 더 개발하고 실험도 해야 합니다.

우주 개발을 이야기하다 보면 돈에 대한 감각이 무뎌지곤 합니다. 조 단위는 흔하고, 억 단위는 푼돈으로 느껴질 정도예요. 만약 화성까지 사람을 보냈다가 무사히 돌아오게 하려면 돈이 얼만큼 필요할까요? 적어도 수십조에서 많게는 수백조 원이 필요할 수도 있어요. 화성 식민지를 건설하려면 아예 경(京) 단위로 비용이 들지도 모릅니다. 이렇게 많은 돈을 쓰면서까지 굳이 화성에 가야 할 필요가 있을까요?

"화성은 지구를 대신할 수 없습니다."

이것은 루시안느 발코비치라는 천문학자가 2015년에 했

하지만 이런
엉뚱한 발상들이
인간의 문명을
진화시켜 왔다고!
화성은 지구를
대신할 수 없습니다!
지금 인류가 해결해야 할
문제를 외면한 채
그 막대한 돈과 에너지를
우주개발에 투자하다니요!
루시안느 발코비치

던 유명한 TED* 강연의 제목입니다. 화성에 진출하기 위해 엄청난 돈을 쓰느니, 차라리 지구를 더 살기 좋게 만들자는 의견이었죠.

지구를 제외하곤 태양계 행성 중 가장 살기 좋다는 화성도 너무나 척박한 환경이에요. 야외에서 활동하려면 거추장스러운 우주복을 입어야 하고, 극심한 방사선과 추위를 견뎌야 합니다. 물자도 부족해서 지구로부터 많은 것을 계속 보급받아야 하죠. 일론 머스크는 화성의 극지방에 있는 거대한 이산화탄소 얼음을 녹여서 지구처럼 따뜻하게 만드는 테라포밍*을 하겠다고 밝혔지만 과학자들은 비현실적이라고 보고 있습니다.

화성에 식민지를 세울 비용으로 미세 먼지와 각종 환경 문제를 해결하고, 지구 온난화를 막는 데에도 투자할 수 있습니다. 세계 곳곳에서 굶주리는 아이들에게 먹을 것과 의약품을 전달할 수도 있어요. 모두가 외면하는 사이에 무분별한 벌목으로 사라져가는 열대 우림을 지킬 수도 있을 거예요. 그런데도 인류는 왜 지구를 파괴하면서 다른 행성으로 도망칠 궁리부터 하는 걸까요? 인류를 멸종시킬 위협은 과연 누가 하고 있는 걸까요?

* **TED** 다양한 분야의 전문가가 주제에 제한 없이 지식과 경험을 공유하는 세계적인 강연회.

* **테라포밍(Terraforming)** 화성이나 금성 같은 외계 행성을 인간이 살 수 있는 곳으로 만드는 과정. '지구화'라고도 부른다.

여러 과학자가 지금처럼 호기심 해결을 위한 화성 탐사에는 찬성하지만, 화성 식민지를 세울 노력과 비용이면 지구부터 보호하고 되살리자는 주장을 합니다. 차라리 화성보다는 남극을 사람이 살 수 있게 만드는 일이 더 쉬울 거라고 하네요. 과연 지구를 지키는 것이 먼저일까요? 아니면 그럼에도 불구하고 화성을 개척하는 것이 인류의 멸종을 막을 올바른 선택일까요?

지구 멸망의 해결책은 우주 개발일까?

아무리 생각해 봐도 인간은 우주 공간과 외계 행성에서 살아가기 불리한 존재입니다. 그러나 여전히 화성에 사람을 보내려 하고, 직접 가려는 사람도 넘쳐 나고 있어요. 화성을 정복하자는 사람들은 모두 같은 주장을 합니다. 인류가 멸종하는 것을 막기 위해선 우주로 가야 한다고 말이죠. 미래를 상상하는 SF 영화에서도 지구를 떠나 다른 행성으로 이주하는 이야기가 많이 등장해요. 그런데 반드시 우주로 진출해야만 멸망을 피할 수 있는 걸까요?

우주 개발의 선구자였던 콘스탄틴 치올콥스키는 이런 말을 남겼습니다.

"지구는 인류의 요람이지만, 우리가 영원히 요람에서 살 수는 없다."

짧은 문장이지만, 이 말에는 사람의 마음을 자극하는 무언가가 있습니다. 어떤 학자는 우리가 우주 개발을 하는 이유는 인류의 조상이 사냥감을 찾아 이곳저곳 떠돌아다니던 습성이 유전자에 새겨져서 미지의 세계에 대한 모험을 동경하기 때문이라고 합니다. 탐사선을 보내서 호기심을 해결하는 정도로는 결코 만족할 수 없다는 뜻이지요.

앞서 루시안느 발코비치가 지구부터 지키자는 연설을 했을 무렵, 과학 평론가인 스티븐 페트라넥도 TED에서 "여러분의 자녀는 화성에 살게 될지 모릅니다"라는 제목으로 강연을 했습니다. 지구는 굉장히 연약한 행성이기 때문에 소행성 충돌이나 전쟁, 아니면 예상치 못한 사건으로 인류가 한순간에 멸망할 수 있다고 경고하면서 늦기 전에 화성에 식민지를 세워야 한다고 말했죠.

당시 페트라넥은 2027년까지 화성으로 사람이 갈 수 있을 거라고 예측했어요. 그리고 사람이 화성에 살 수 있을 만큼 기술이 발전했으니 이제는 가야 할 이유만 찾으면 된다고 말했습니다.

특히 '백업 문명(civilization backup)'이라는 아이디어를 제시했는데요, 다른 행성에 진출하면 지구가 사라져도 인류의 문명은 계속 이어진다는 주장입니다. 마치 우리가 컴퓨터에서 중요한 자료를 백업해 두는 것처럼요. 많은 사람이 화성에 가서 살고 싶어 한다는 단순한 이유도 무시할 수 없다고 했습니다. 언젠가 화성을 식민지로 개척하고, 환경을 개조하기 시작하면 인류가 다음 차원으로 진화할 수 있다는 예언까지 곁들였죠.

발코비치와 페트라넥의 강연은 서로 상반된 의견이지만, 유튜브 등에서 각각 수백만 명이 시청했을 정도로 크게 주목받았습니다. 발코비치의 의견이 주로 과학자나 지식층의 관심을 끌었다면, 페트라넥은 일반 대중에게 더 큰 호응을 얻었어요. 인류가 화성으로 가는 것에 대해 성향에 따라 저마다 다른 생각을 가질 수 있는 것이죠.

두 의견을 살펴보면 지구를 지키는 것도 맞고, 화성으로 가는 것도 맞습니다. 수백 년 뒤를 생각해 보면 인류가 지구에 그대로 있다가는 멸망할지도 모른다는 염려가 들기도 해요. 굳이 소행성 충돌은 아니더라도 핵전쟁이나 이상 기후, 어쩌면 인공지능이 반란을 일으켜서 멸종될 수도 있겠죠. 벌써 지구의 인구는 76억 명이 넘었고, 2050년이 되면 100억 명까지 늘어날 전망이라고 해요. 과연 지구는 그렇게 많은 인류를 감당할 만큼 자원이 풍족한 행성일까요?

우리 문명이 지구라는 공간에 계속 갇혀 있으면 언젠가 활력을 잃고 스스로 퇴보할지도 몰라요. 그렇다면 화성 식민지부터 시작해서 우주로 진출하는 것은 어쩌면 시기의 문제가 아닐까요?

우주 개발을 하고 있는 과학기술자들에게 물어봐도 왜 우리가 더 먼 우주로 가야 하는지 정확히 답변하지는 못합니다. 지금처럼 지구 주변에 인공위성을 띄우는 것으로도 실생활에 충분히 도움이 되니까요. 소행성에 가서 자원을 채취하거나, 화성에 식민지를 세운다는 이야기는 그럴듯한 화젯거리만 될 뿐, 지구에 사는 우리의 생활과는 큰 상관이 없어 보입니다.

그렇지만 분명한 사실이 한 가지 있습니다. 미래에 대한 꿈과 희망을 잃어버리면 그 사회는 반드시 퇴보한다는 거예요. 문명도 마찬가지랍니다. 이제 지구 곳곳을 모두 개척

왜 우주 개발을 해야 할까?

지구는 인류의 요람이지만, 우리가 영원히 요람에서 살 수는 없다.
콘스탄틴 치올콥스키

스티븐 페트라넥
여러분의 자녀는 화성에 살게 될지 모릅니다.
2027년에는 아마 갈수 있을겁니다.

인류를 어딘가에 백업해 두지 않으면 안 됩니다!
쾅!
앗차! 따로 저장 안 했는데!

혹시 미지의 세계를 향한 동경이 인간의 DNA에 새겨 있어서?
MARS
우~ 피가 끓는다

글쎄? 그냥 궁금해서 한번 가보고 싶어.
넌 어때?
그냥 그게 다야!

해서 모험할 기회가 사라진 세상이 되었죠. 태어난 나라, 신분에 따라 일생이 좌우된다면 대부분의 사람은 좌절합니다. 오래전에 유럽이 세계를 지배했을 무렵, 많은 사람이 정해진 신분과 제도를 넘어서려고 신대륙으로 건너갔죠. 그들은 모험과 도전이란 인류의 본능에 따랐고, 결국에는 세계에서 제일 부강한 미국이라는 나라를 만들었습니다.

역사는 반복된다고 하지요. 구대륙을 벗어나 지금 인류 문명을 이끌고 있는 사람들처럼, 언젠가는 지구를 벗어나 머나먼 화성에 정착한 사람들이 우리의 문명을 이어갈지도 모르는 일입니다. 더 큰 세계를 꿈꾸고 희망하는 마음이 지금까지 인류를 키워 왔으니까요.

우주를 꿈꾸는 당신에게

앞으로 우주 과학기술자가 꿈이라는 학생을 만났던 일이 있는데요, 이런 이야기를 들었습니다.

"제가 직접 가진 못하더라도 달이나 화성까지 탐사선을 보내고 싶어요."

그러고는 어느 대학, 어떤 전공을 선택해야 하는지 물었습니다. 이 질문은 정말 답하기가 어려웠어요. 우리나라는 아직 우주 과학기술자가 되기 위한 진로의 폭이 좁기 때문입니다. 규모 면에서도 미국이나 유럽, 일본, 중국보다 가야 할 길이 멀고요. 하지만 우리나라에도 우주 과학과 기술을 배우고 연구하는 곳들이 있어요. 저 친구와 같은 궁금증을 가지고 있는 친구들을 위해 하나하나 설명해 볼게요.

먼저 우주에 관한 진로는 과학이냐, 공학이냐를 선택해야 합니다. 두 가지는 비슷한 것 같아도 분명히 달라요. 우주 과학이라면 천문학을 꼽을 수 있겠네요. 천문학은 우주에 존재하는 여러 천체를 연구하는 학문이에요. 우주의 신비를 풀어내는 곳이라서 수학, 물리학과 같은 기초 과학을 많이 다룹니다. 우리나라에 천문학과가 있는 대학은 일곱 곳이 있어요.

대덕연구단지의 '한국천문연구원'은 대표적인 우주 과학 연구기관입니다. 이곳에서는 블랙홀이나 소행성 관측 같은 우주와 관련된 다양한 연구를 진행해요. 그래서 천문학 박사 학위를 딴 뒤에 들어가는 경우가 많지만, 들어가기는 쉽지 않습니다. 연구원의 정원보다 많은 천문학자들이 이곳에서 연구하고 싶어 하거든요. 우주 과학 연구에 대한 투자가 늘어나면 더 많은 사람을 뽑을 수도 있겠죠?

미국에서는 이제 우주 과학이 천문학뿐 아니라 물리학, 대기과학, 지질학, 생물학 등의 다양한 분야를 포함하고 있습니다. 천문학과 물리학은 원래 밀접한 관련이 있고, 지구를 벗어난 다른 별에서 생물이 살 수 있는지 밝혀내려면 외계 대기학, 외계 지질학, 외계 생물학이 필요하니까요. 쉽게 말해 새로운 별에 대해 처음부터 다시 연구해야 하기 때문이죠. 사실 우주를 이해하려면 인류가 알고 있는 대부분 학문이 필요합니다. 우주는 모든 것을 뜻하니까요.

우주 과학이 자연과학적인 연구라면, 공학적인 영역으로는 우주 기술이 있습니다. 인공위성이나 탐사선, 로켓을 만드는 일이죠. 공학자는 탐사선을 우주로 보내서 자료를 얻고, 과학자가 분석해서 결과를 알아냅니다. 우리나라는 아직 우주 개발 초기라서 주로 기술에 투자하고 있어요. 일단 로켓과 탐사선을 만들어야 우주로 나갈 수 있으니까요.

대덕연구단지의 또 다른 우주 관련 연구기관으로 '한국항공우주연구원'이 있어요. 우리나라의 나로호나 누리호 같은 발사체를 개발한 곳이죠. 또 천리안 위성처럼 우주에서 지구를 관측하는 인공위성이나 달 탐사선도 만들고, 하늘을 비행하는 드론도 개발하고 있습니다. 주로 하늘로 솟아오르는 물체를 만들어내는 곳이라고 할 수 있어요.

우주 과학기술자가 되고 싶다던 그 학생은 어쩌면 로켓부터 시작해서 탐사선까지 직접 만들고, 그 탐사선이 도착해서 멋진 결과를 얻어내는 것까지 보고 싶었을지 모릅니다. 하지만 우주 개발에서는 한 사람이 처음부터 끝까지 모든 일에 참여하지 않아요. 여러 분야를 연구하는 많은 사람이 함께 모여 꿈을 이뤄가는 것이 바로 우주 개발입니다.

최근 우주에 관한 관심이 커지면서 항공우주공학과의 인기가 높아졌는데요, 반드시 그곳을 나와야만 항공우주 연구원에 취직할 수 있는 것이 아니랍니다. 우주로 가는 일에 힘을 보태고 싶다면 어떤 공학이든 열심히 공부하면 됩니다. 기계공학, 전자공학, 재료공학 등 어떤 분야라도 관련이 있을 정도로 우주 기술은 인류가 가진 거의 모든 공학 지식이 필요하거든요.

우리나라는 항공우주연구원이 우주 개발을 주도하고 있지만, 발사체 직접 제작하거나 위성을 만드는 작업은 관련 기업에 맡겨서 진행하기도 해요. 정부 연구기관은 모든 것을 총괄 감독하는 역할을 하고요. 인공위성을 만드는 곳은 한국항공우주산업, 쎄트렉아이 같은 기업들이 있습니다. 발사체는 한화에어로스페이스, 대한항공 등에서 만들죠.

공학이냐, 과학이냐.
그것이 문제로다.
아니야! 네 문제는 일단 오늘 풀어야 할 숙제 안에 있어.
어서 숙제부터 좀 해!
넌 애가 그렇게 집중력이 없더라

여기서 일하는 것도 우주 개발과 직접 관련이 있겠죠?

과학이나 공학만 가지고 우주 개발을 하는 것은 아닙니다. 문과 출신도 할 수 있어요. 물론 직접 개발에 참여하는 것은 아니겠지만, 우주 개발은 이공계 분야 전문가만 있다고 진행되지 않거든요. 정부에 지원도 요청해야 하고, 국민들에게 어떤 일을 하고 있는지 홍보도 해야 해요. 앞서 나온 기관들의 사업을 관리하는 등 행정 업무도 해야 하죠. 관리 행정이나 홍보 업무는 우주 개발의 전체적인 그림을 살피기도 좋아요. 나무보다는 숲을 보는 역할인 거죠.

다행스럽게도 우리나라 과학 분야에서 정부가 집중적으로 육성하는 분야가 우주 과학기술입니다. 그동안 불모지나 다름없었기에 앞으로 많은 예산을 투자할 예정입니다. 또 언젠가 우리나라 기업들이 해외 기업처럼 직접 우주 개발을 하게 된다면 더 많은 일자리와 기회가 생길 거예요.

최근 청년들이 우주 스타트업을 창업하는 일이 많아졌습니다. 큐브 위성을 개발하거나, 미래에 펼쳐질 유망한 우주 관련 사업을 구상하는 것이죠. 여기서 더 나아가 직접 로켓을 개발하려는 움직임도 있답니다. 전국의 여러 대학 동아리가 모여서 소형 로켓을 발사하는 대회까지 열리고 있어요. 앞으로 우리나라에서도 민간기업이 스페이스X처럼 로켓을 발사하는 날이 올지도 모릅니다.

당장은 엄청난 성과를 보기 어렵더라도 무한한 가능성이 펼쳐진 우주에 도전해 보는 건 가슴 뛰는 일이겠죠?

"빠예할리(поехали)!"

자, 미지의 세계로 함께 떠나 볼까요?

빠예할리 : 러시아어로 "출발합시다"라는 뜻으로 인류 최초의 우주비행사였던 유리 가가린이 우주선을 타고 이륙하면서 했던 첫 마디였다.

가상의 우주를 즐겨 보자
- 게임으로 배우는 우주

최근 세계적으로 K팝 열풍이 한창입니다. 그런데 한국이 내놓은 콘텐츠 중에서 가장 많이 수출되는 것은 무엇일까요? 놀랍게도 '게임'이랍니다. 2018년에 콘텐츠 수출액은 34억 달러인데요, 그중에서 게임이 차지하는 비중이 62.1%였어요.

우리나라에는 게임에 대한 부정적인 인식이 퍼져 있죠. 특히 학부모들은 자녀가 게임을 하면 성적이 떨어질까 봐 노심초사입니다. 급기야 '게임 셧다운 제도'까지 등장했는데요, 정말 게임은 시간 낭비이기만 할까요?

〈마인크래프트〉는 전 세계적으로 유명한 게임입니다. 플레이어가 무한한 상상력을 발휘해서 자신만의 세계를 만들 수 있는 게임이죠. 어른들도 다른 게임에 비해서 창의력 계발에 도움이 된다고 여겨서인지 〈마인크래프트〉에 대해선 긍정적으로 평가하는 편입니다.

비슷한 게임 중에서 우주 개발에 관한 것들이 있는데요, 바로 〈커벌 스페이스 프로그램(Kerbal Space Program : KSP)〉과 〈심플 로켓(Simple Rocket)〉입니다.

흔히 〈KSP〉라고 부르는 〈커벌 스페이스 프로그램〉은 스페이스 마인크래프트라고 볼 수 있는 게임이에요. 사용자가 커빈이라는 행성에 위치한 우주 기지에서 로켓을 직접 디자인하고, 발사하여 조종까지 하는 게임이죠. 이

게임을 하면 클릭 한번으로 나만의 로켓을 뚝딱 만들 수 있어요. 하지만 항공우주 기술을 이해하지 못하면 아무것도 할 수가 없어서 어른도 무작정 덤볐다가 어렵다고 손들곤 합니다. 바꾸어 말하자면 이 게임에 흥미를 느껴서 숙달되면 어려운 궤도 역학이나 우주선의 원리 같은 과학 지식을 쉽게 익힐 수 있어요.

NASA에 소속된 제트추진연구소(JPL)라는 곳에는 인류 최고의 공학자들이 모여 있어요. 그런데 JPL 기술자 절반가량이 집에서 자녀들과 〈KSP〉를 한다고 해요. 그만큼 생생하게 로켓 환경을 구현해 놓아서 진짜 우주여행을 하고, 화성에서 탐사하는 것처럼 게임으로 가상의 우주를 체험할 수 있어요.

〈심플 로켓〉은 〈KSP〉와 비슷하지만, 조금 더 쉽게 로켓을 쏴서 우주에 갈 수 있어요. 마찬가지로 직접 로켓을 날려 여러 행성에 가 볼 수 있죠. 물론 가상의 우주라도 실제와 거의 비슷합니다. 시뮬레이션 게임이라서 우주선의 원리를 모르면 추락하고 말아요.

앞서 소개한 일론 머스크는 인류가 화성에 살게 된다면 가장 큰 공헌을 한 사람이 될 거예요. 그런데 머스크가 즐기는 게임이 〈KSP〉와 〈문명〉이에요. 〈문명〉은 인류가 고대 국가에서 발전하여 다른 행성계로 진출하기까지

어느 나사 직원의 일요일
여보! 지금 몇 시간 째 하는 거야? 내일 출근 안 해?
엄마! 안 자? 나도 게임할래!
엄마, 좀 더 하면 돼. 이게 우주 가는 게 역시 쉽지가 않네…
여보! 나 노는 거 아니야. 업무의 연장이랄까? 일하는 거야! 일!
연료통을 더 큰 걸로 바꿔야 하나? 아니면 추진체를…
중얼~ 중얼~

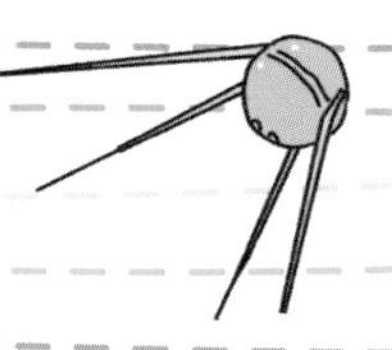

의 과정을 다룬 전략 게임입니다. 일론 머스크가 이 두 게임을 좋아한다는 게 의미심장하죠? 로켓을 발사하는 〈KSP〉 게임과 인류가 성장해 문명을 이뤄가는 〈문명〉 게임을 하면서 인류가 화성에 정착하고, 더 먼 우주로 가는 영감을 얻었는지 모릅니다.

실제로 스페이스X는 새로운 로켓의 아이디어를 게임에서 얻기도 했답니다. 사람들이 감탄하는 로켓 재착륙이라던가, 거대한 로켓을 3개 묶어서 쏘는 것이 바로 〈KSP〉에서 착안한 아이디어예요.

우리나라 어른들이 게임을 나쁘게 생각할 때, 게임을 하면서 인류의 미래를 새롭게 개척하는 사람들도 있답니다. 물론 게임에 너무 빠져서 생활을 게을리하면 안 되죠. 하지만 적당히 자제하면서 관심 있는 분야의 게임을 하는 것은 분명 창의력 계발에 도움이 될 수 있습니다. 누군가 증거가 있냐고 물어본다면 우주 덕후 일론 머스크를 아시냐고 되물어 봐도 괜찮겠죠?